KB111605

SANDWICH 샌드위치

C☉NTENTS

03 COLD SANDWICH
차게 먹는 샌드위치

04 WRAPPING & COOKING IDEAS
포장과 남은 빵 **활용**

🥪 샌드위치 포장

💡 남은 빵 활용 아이디어

SANDWICH

샌드위치, 재료를 알면 레시피가 쉬워집니다

샌드위치는 빵 사이에 햄과 치즈, 채소 등을 끼워 먹는 간단식으로 어떤 재료를 어떻게 조합하느냐에 따라 맛과 스타일의 변화가 무궁무진합니다. 게다가 조리 과정이 간단해 누구나 쉽게 만들 수 있는 것도 장점이죠. 브런치나 간편 도시락, 아이 간식 등 주로 가벼운 식사 대용으로 준비하는데, 이 책에서는 그와 더불어 주재료의 준비와 조리 방법을 다양하게 해 맞춤 영양식이나 한 끼를 책임지는 든든한 식사, 간단 술안주 혹은 세련된 손님 초대상에도 충분한 샌드위치를 제시했습니다.

본격적으로 샌드위치를 만들기 전에 샌드위치를 만드는 데 기본이 되는 빵, 신선함을 살리는 채소, 고소한 풍미를 더하는 치즈, 든든함을 채우고 맛을 더하는 육류와 해산물, 감칠맛을 내는 홈메이드 스프레드와 소스까지 샌드위치 만들기에 필요한 기본 재료를 소개했습니다. 이 재료들을 바탕으로 각 재료의 특징과 맛을 살리면서 가장 맛있는 조합이 무엇인지 고민해 최고의 샌드위치만을 엄선했고, 또한 서양요리인 샌드위치지만 일식, 한식, 멕시칸식 등 양념과 소스, 조리법을 다양하게 활용해 새로운 맛의 샌드위치를 만들었습니다.

한 손에 들고 먹을 수 있어 바쁜 시간 간편하게 속을 채울 수 있는 샌드위치는 포장하기도 쉬워 다양한 용도의 도시락으로 만들어보는 것도 좋을 듯합니다. 게다가 여러 연령층의 입맛을 고려해 만들었으니 상황에 따라 알맞게 만들어보세요.

책 속 레시피는 1인 기준의 분량입니다. 계량 기준은 1컵(C)은 200ml, 1큰술(T)은 15ml, 1작은술(t)은 5ml 입니다.

요리 배열은 난이도에 따릅니다. 요리에 그다지 능숙하지 못한 분들도 쉽게 따라 할 수 있게 파트별로 앞부분에는 쉬운 레서피의 샌드위치를, 뒤로 갈수록 점차 난이도가 높아지는 샌드위치를 배열했습니다.

잎 채소는 기호에 따라 준비합니다. 양상추, 로메인, 치커리 등은 샌드위치에 아삭함과 신선함을 더함과 동시에 빵의 수분 흡수를 막는 역할을 하기 때문에 제시한 레서피 대신 기호에 따라 혹은 편의에 따라 준비해도 됩니다.

본문의 🍞아이콘은 꼭 만들어봄직한 맛있는 샌드위치를 선정해 표시한 것입니다. 이 책의 모든 샌드위치를 만드는 게 쉬운 일은 아니지만 이 책에 참여한 여러 사람들의 의견을 수렴해 선정한 맛있는 샌드위치를 꼭 만들어보세요.

뒷부분에는 자투리 빵 활용 아이디어와 샌드위치 포장을 더해 활용도를 높였습니다. 샌드위치를 만들 때 잘라낸 식빵 테두리, 그리고 한두 장 남은 식빵을 또 다른 간식으로 활용할 수 있게 레시피를 넣었고, 정성 들여 만든 샌드위치가 빛날 수 있게 쉽지만 멋진 포장법까지 더했습니다.

01

샌드위치
재료와
노하우

샌드위치는 단순한 재료가 모여 완성된다. 기본 재료인 빵, 신선한 채소, 부드러운 풍미의 치즈, 풍성한 맛과 든든함을 주는 육류와 해산물이 샌드위치를 이루는 주재료다. 재료 각각의 쓰임새와 적합한 조리법을 알고 나면 샌드위치 '조합'이 훨씬 쉬워진다. 더불어 특별한 스프레드 만드는 법부터 조리 노하우까지 알아보자.

Bread

치아바타
이탈리아어로 '슬리퍼'라는 뜻으로
납작한 모양 때문에 붙은 이름이다.
담백한 맛에 속이 부드럽고 촉촉하며
공기구멍이 많은 것이 특징. 속 재료를
듬뿍 넣어 든든하게 배를 채우거나
담백한 맛을 살릴 때 활용한다.

롤 빵
흔히 '핫도그 빵'이라고 부르는
길쭉한 모양의 롤 빵과 동그란
모양의 '모닝롤'이 있다. 핫도그
빵은 햄버거 빵과 질감이 비슷하고
모닝롤은 조금 더 부드럽다. 주로
반 갈라 속 재료를 넣는다.

식빵
샌드위치를 만들 때 가장 흔히 사용하는
사각 모양의 빵이다. 버터 식빵, 우유 식빵,
호밀 식빵, 옥수수 식빵, 쌀 식빵 등 종류가
다양하며 쌀 식빵은 밀로 만든 것보다 희고
부드러우며 쫄깃쫄깃하다.

베이글
둥근 도넛 모양의 베이글은 단단한 표면에 비해
부드러운 속의 빵이다. 샌드위치를 만들 때는
두툼한 두께를 반 갈라 사용한다. 속 재료가
단순할수록 쫄깃한 빵맛을 느낄 수 있다.

곡물 빵
밀가루에 곡물 믹스를 넣어 만든 빵으로
오독오독 씹히는 곡물이 구수한 맛을 낸다.
누런색을 띠며 짙은 브라운 색상인 것도
있다. 빵의 구수한 맛과 색을 살리고 싶은
샌드위치를 만들 때 사용한다.

피타 빵

그리스, 이스라엘, 시리아 등 중동 지역에서 흔히 먹는 둥글넓적한 모양의 얇은 빵이다. 무설탕, 무버터의 담백한 맛의 피타 빵은 두 겹으로 되어 있어 반 갈라 가운데를 벌리면 속 재료를 넣어 샌드위치를 만들 수 있다.

바게트

표면은 딱딱하지만 속은 부드럽고 쫄깃하다. 씹을수록 담백하고 고소한 맛을 내며 버터만 발라도 맛이 좋다. 어슷 썰어 오픈 샌드위치 빵으로 사용하거나 속을 파내고 샌드위치를 만들기도 한다.

잉글리시 머핀

영국에서 아침에 주로 먹는 빵이다. 영국에서는 그냥 머핀이라고 부르는데, 미국의 머핀과 구별하기 위해 잉글리시 머핀이라 부른다. 반 갈라 햄과 치즈를 넣은 샌드위치로 담백하게 먹기도 한다.

크루아상

버터를 듬뿍 넣고 구워 켜켜이 부드러운 버터 층이 고소한 빵이다. 잼이나 크림치즈 등을 바르지 않아도 그 자체로 맛있다. 부드러운 샌드위치를 원할 때 주로 사용한다.

포카치아

밀가루에 올리브 오일과 허브, 소금을 넣어 반죽한 뒤 발효시키고 토핑으로 올리브나 허브, 파 등을 올려 오븐에 구운 이탈리아 빵이다. 부드러워 그냥 먹어도 맛이 좋다.

토르티야

옥수수 가루를 반죽해 우리나라 밀전병처럼 둥글납작하게 구운 멕시코 음식. 토르티야에 고기와 채소, 소스를 넣어 싸 먹는데, 샌드위치 재료를 넣어 돌돌 말거나 싸면 한 손에 쥐고 먹기 좋은 샌드위치가 된다.

Vegetable & Fruit

양배추

튀김이나 고기 등 다소 느끼할
수 있는 샌드위치에 곱게 채
썰어 넣으면 느끼함도 덜고
아삭한 식감도 살릴 수 있다.
양배추의 단맛은 과일이 들어간
샌드위치와도 어울린다.

버섯

따뜻하게 먹는 샌드위치를 만들 때 주로
사용한다. 불고기 샌드위치를 만들 때도 잘
어울리고 기름 두른 팬에 살짝 볶아 모차렐라
치즈를 더하면 담백하면서 쫄깃하게 씹히는
맛과 향이 은은하다.

루콜라

열무와 비슷한 생김새와 쌉싸래한 맛의
루콜라는 샐러드에 주로 사용한다. 고소한
맛의 치즈와 잘 어울려 샌드위치를 만들
때 곁들이면 좋다. 길쭉한 빵에는 자르지
말고 그대로 사용한다.

감자

삶아서 으깨 양파, 오이 등의
채소와 햄을 섞어 감자 샐러드를
만들면 부드러운 샌드위치 속
재료로 그만이다. 얇고 둥글게
슬라이스해서 버터에 구운
뒤 베이컨, 치즈와 곁들여
샌드위치를 만들어도 좋다.

래디시

뿌리인 동그란 빨간 무는 껍질을 벗기지
않고 그대로 얇게 슬라이스해서 주로
샌드위치의 장식에 사용한다.

오이

오이 특유의 신선한 맛과
향은 튀김류나 게살로
만든 속 재료와 잘
어울린다. 샌드위치에
상큼한 맛을 더하고
싶을 때 오이를 넣는다.

단호박

호박 중에서도 단맛이 강한 단호박은 씨를
빼고 쪄서 으깬 뒤 견과류나 마른 과일을
섞으면 부드러운 샌드위치 속 재료가
된다. 아이들 영양 간식이나 어르신을
위한 샌드위치를 만들 때 활용한다.

레몬, 라임

레몬이나 라임은 주로 스프레드나
소스를 만들 때 즙을 내 사용한다.
새우, 게살이 주재료인 샌드위치를
만들 때 넣으면 상큼하다. 멕시칸
스타일의 샌드위치를 만들 때
활용해도 좋다.

호박

애호박이나 주키니 호박은
굽거나 살짝 볶아 샌드위치
재료로 사용하는데, 고기와
버섯이 재료인 샌드위치를
만들 때 함께 넣으면 맛의
조화를 이룰 수 있다.

잎 채소

로메인, 겨자 잎, 치커리 등의 잎 채소는
샌드위치에 모양과 맛을 더하기도 하지만
재료의 수분이 빵에 전달되지 않게 하는
역할도 한다. 케일처럼 두꺼운 잎보다 연하고
얇은 잎을 사용해야 먹기 좋다.

토마토

맛과 영양을 더하는
토마토는 여러 재료와 맛이
잘 어우러지고 상큼한 맛이
난다. 스크램블드에그를
만들 때 토마토를 함께 볶아
식빵 사이에 넣으면 간단한
아침 식사로 그만이다.

아보카도

씹을수록 고소한 맛을 내는
아보카도는 얇게 썰어
샌드위치에 넣는 게 좋다.
이럴 때는 조금 덜 익은 것이
좋고, 또 으깨서 스프레드를
만들때는 잘 익은 걸 사용
한다.

양상추

아삭함과 싱싱함을 더하는
양상추는 여러 재료와 잘
어울려 샌드위치 재료로 두루
활용한다. 햄치즈 샌드위치에
양상추만 더해도 씹는 맛과
풍미가 한결 좋아진다.

가지

따뜻한 샌드위치를 만들
때 얇게 썰어 구워 넣는다.
육류와 잘 어울려 고기, 양파,
가지 등을 구워 함께 넣으면
한결 맛이 좋다.

양파

육류나 육가공 식품, 생선이나
해산물, 튀김류 등 여러 재료와 잘
어울려 샌드위치 재료로 쓰임새가
좋다. 붉은 양파는 단맛도 더하고
색감이 좋아 모양을 살리고 싶은
샌드위치에 활용하면 좋다.

허브

샌드위치에 많이 사용하지 않지만 튀김이나
달걀 프라이 속 재료로 들어가는
샌드위치에 넣으면 허브 향이 더해져
한결 맛이 좋다. 허브를 다져 스프레드에
활용하기도 한다.

Meat & Egg

쇠고기 등심
스테이크로 만들어 치즈와
채소, 소스와 함께 빵
사이에 넣으면 한 끼로도
충분히 든든한 샌드위치가
된다. 볶은 채소와 곁들여
샌드위치를 만들기도 한다.

닭 가슴살
다이어트 중이거나 샌드위치의
칼로리가 걱정될 때는 담백한 닭
가슴살을 사용한다. 얇게 포를 떠
양념을 해서 굽거나 익힌 뒤 쪽쪽 찢어
소스에 버무려 샌드위치를 만든다.
채소와 곁들여 샌드위치를 만들면
아이들 영양식으로도 그만이다.

쇠고기 불고깃감
얇게 썬 불고깃감은
볶아서 샌드위치에
넣는다. 불고기 양념에
채소와 함께 볶거나
매운 양념에 볶아도
좋다. 치즈를 올려도 잘
어울리고 양파만 올려도
맛있다.

닭 넓적다리살
기름기도 적당하고
껍질이 붙어 있어 굽거나
튀기면 닭 가슴살에
비해 고소한 맛을 낸다.
구운 뒤 소스와 채소를
함께 곁들여 샌드위치를
만든다.

돼지고기 등심
샌드위치 재료로 돼지고기를 사용할 때는
기름기가 적은 등심이 적합하다. 포크커틀릿을
만들어 빵 사이에 끼우고 양배추 채와 돈가스
소스만 뿌려도 아이들이 좋아하는 샌드위치가
된다. 매콤한 양념에 구워 채소를 곁들여도 좋다.

달걀
삶거나 수란을 만들어 으깨서 소스에 더할 수도 있고,
달걀 프라이를 만들어 샌드위치에 얹으면 든든한
영양 샌드위치가 된다. 한창 자라는 아이들을 위해
샌드위치를 만들 때 달걀을 많이 활용한다.

Processed Meat

슬라이스 햄
식빵 크기와 비슷한 슬라이스 햄은 샌드위치를 만들기 좋아 샌드위치 햄이라고도 한다. 햄치즈 샌드위치를 만들 때 좋고, 그밖의 샌드위치에도 다양하게 활용한다.

베이컨
출출할 때 부담스럽지 않게 샌드위치를 먹고 싶다면 베이컨을 활용한다. 짭조름한 맛은 샌드위치에 간을 더하기도 한다.

소시지
출출한 시간 허기를 채울 샌드위치가 필요할 때 소시지를 넣는다. 핫도그 빵에 그대로 넣어도 좋고, 작게 잘라 달걀과 채소를 함께 곁들어 샌드위치를 만들어도 좋다.

하몽
돼지 뒷다리를 소금에 푹 절여 1년 이상 건조시킨 스페인 햄이다. 바게트와 잘 어울리고, 멜론 같은 달콤한 과일과도 잘 어울리므로 과일 샌드위치를 만들 때 하몽을 활용해본다.

살라미
쇠고기와 돼지고기를 혼합해 소금으로 짭짤하게 간을 하고 마늘과 후춧가루 등의 향신료로 강하게 양념해서 그대로 건조시킨 이탈리아 햄이다. 얇게 썰어 치즈만 더해 오픈 샌드위치를 만든다.

프로슈토
생 돼지고기를 소금에 절여 그대로 숙성시킨 이탈리아의 햄이다. 얇게 썰어 애피타이저로 즐기는데, 작게 썰어 샐러드에 넣기도 한다. 감자와 궁합이 잘 맞아 감자가 들어간 샌드위치를 만들 때 함께 넣으면 좋다.

15

Cheese

브리 치즈

표면의 단단함은 흰색 곰팡이다. 표면에 비해 속이 부드러운 브리 치즈는 차갑게 먹어도 맛있지만 부드럽게 녹여 먹는 것이 풍미를 더한다. 사과, 메이플 시럽과 잘 어울리므로 샌드위치를 만들 때도 브리 치즈에 간단히 사과와 메이플 시럽만 넣어도 맛있다.

체다 치즈

가장 흔히 먹는 치즈가 체다 치즈다. 두툼하고 큼직한 사이즈로 나오는 것도 있지만 대부분 얇게 1장씩 포장된 슬라이스 치즈를 사용한다. 클럽 샌드위치나 BLT(베이컨과 상추, 토마토가 들어간 샌드위치)를 만들 때 주로 사용한다.

콜비 치즈

체다 치즈보다 맛과 향이 연하며 부드럽고 탄력이 있다. 두툼하고 큼직한 직사각형으로 판매되며 보통 갈아서 토핑으로 주로 사용한다.

에담 치즈

치즈의 보존성을 높이기 위해 빨강 파라핀으로 코팅이 돼 있는 에담 치즈는 크림을 제거한 우유로 만들어 지방 함량이 낮다. 순한 맛은 그냥 먹어도 부담 없고, 고기와 잘 어울린다.

고다 치즈

고소한 맛과 향의 네덜란드 치즈로 진한 맛과 순한 맛 등 다양한 맛을 선택할 수 있다. 흰색의 고다 치즈는 덩어리로, 혹은 슬라이스로 판매된다. 체다 슬라이스 치즈 대신 쓰면 더욱 깊은 맛을 느낄 수 있다.

카망베르 치즈

브리 치즈와 생김새가 비슷하지만 좀 더 물렁하다. 고기와 잘 어울려 쇠고기로 든든한 샌드위치를 만들 때 함께 활용하면 좋다. 카망베르 치즈의 맛과 향을 그대로 즐기려면 빵 사이에 넣고 그대로 녹인 뒤 꿀이나 메이플 시럽을 더해 먹는다.

페타 치즈

그리스의 오랜 역사를 가진 페타 치즈는 양젖으로 만들어 신선할 때 바로 먹는 프레시 치즈다. 변질될 우려가 있어 소금물에 담가두기 때문에 짠맛이 강하다. 올리브, 신선한 샐러드와 잘 어울린다.

모차렐라 치즈

둥근 모양의 덩어리 모차렐라 치즈는 짜지 않고 부드러운 풍미가 좋다. 열을 가하면 쫀득하게 흘러내리는데, 이처럼 녹아내리는 치즈가 필요할 때 사용한다. 따뜻한 샌드위치에 활용하기 좋다.

파르메산 치즈

피자를 먹을 때 위에 뿌려 먹는 하얀 가루 치즈가 파르메산 치즈다. 덩어리 파르메산 치즈를 갈아 사용하면 좀 더 진하면서 신선한 향을 낼 수 있다.

슈레드 모차렐라 치즈

모차렐라 치즈를 사용하기 편하게 잘게 잘라 놓은 치즈다. 우리가 흔히 피자 치즈라고 부르는데, 유통기한도 길고 냉장 또는 냉동 보관이 가능하다.

생 모차렐라 치즈

일반 모차렐라 치즈보다 신선하고 부드러운 맛을 내며 토마토와 함께 카프레제 샐러드를 만들 때 많이 쓰인다. 경단 모양의 작은 치즈도 있다.

그라나 파다노 치즈

덩어리 파르메산 치즈 같은 딱딱한 치즈다. 얇게 썰거나 치즈 강판에 갈아 고운 가루로 내 샐러드나 피자에 얹어 먹는다. 샐러드가 들어간 샌드위치에 넣으면 잘 어울린다.

마스카포네 치즈

크림처럼 부드러운 질감의 마스카포네 치즈는 생크림보다 신선하고 크림치즈보다 부드럽고 순한 맛이다. 주로 크림치즈 케이크나 티라미수를 만들 때 사용한다.

크림치즈

주로 베이글에 많이 발라 먹으며 다양한 잼이나 마멀레이드 등과 섞어 먹으면 그만큼 다양한 맛을 낼 수 있다. 연어와도 잘 어울려 연어 샌드위치를 만들 때 크림치즈를 빵에 발라 먹어도 좋다.

그뤼예르 치즈

스위스를 대표하는 그뤼예르 치즈는 에멘탈 치즈와 비슷하지만 구멍이 없다. 햄과 치즈를 얹어 구운 크로크무슈를 만들 때 많이 사용하며 모차렐라 치즈 대신 얹기도 한다.

Seafood

새우

담백하게 혹은 매콤하게
양념해서 굽거나 볶아
샌드위치 재료로 사용한다.
튀김을 할 때는 대하나 중하를
이용하고 드레싱과 섞어
샐러드 같은 샌드위치를 만들
때는 냉동 카테일 새우를
사용하면 편리하다.

통조림 참치

그대로 으깨 샌드위치 소를
만들 수 있어 바쁜 시간
빠르고 든든하게 한 끼를
채울 수 있다. 간단히 다진
양파만 더해 마요네즈와
머스터드 소스만 넣어도 맛
좋은 샌드위치 소가 된다.

안초비

짭조름한 맛의 안초비는 그대로 사용하면 짠맛이
너무 강하므로 다져서 소스로 사용하는 게 좋다.
올리브 오일과 맛이 잘 어울리므로 올리브 오일이
많이 들어가는 샌드위치 소에 넣어 맛을 더한다.

게살

샌드위치를 만들 때 많이 사용하는 재료
중 하나다. 쪽쪽 찢어 오이와 양파를
더해 마요네즈에만 버무려도 샌드위치
소로 그만이다. 게살은 셀러리, 오이,
양파, 사과, 햄이 잘 어울리므로 샌드위치
재료로 함께한다.

훈제 연어

빵에 타르타르 소스를 바르고 훈제 연어와 양파,
케이퍼만 얹어도 신선하고 맛좋은 샌드위치가
된다. 한입에 먹을 수 있게 썰어 작은 빵에
올린 오픈 샌드위치를 만들어도 좋다.

통조림 연어

작은 덩어리를 올려 오픈 샌드위치를 만들거나
통조림 참치처럼 으깨서 다진 양파를 더해
샌드위치 소로 만들면 참치와는 또 다른 맛의
샌드위치가 된다.

Pickle

올리브

페타 치즈와 토마토, 양파에 올리브 오일을 섞어 그리스식 샌드위치를 만들 때 올리브를 슬라이스해서 넣으면 맛이 한결 좋다. 치즈를 올려 오븐에 굽는 샌드위치에도 올리브를 올리면 잘 어울린다.

케이퍼

연어 요리에 감초처럼 빠지지 않고 올리는 케이퍼는 꽃봉오리로 향신료의 일종이다. 연어 샌드위치를 만들 때도 케이퍼와 양파를 더하면 잘 어울린다.

선 드라이드 토마토

슬라이스해서 건조시킨 토마토에 허브와 통후추 등의 향신료를 넣고 올리브 오일을 듬뿍 넣어 절인 토마토 피클. 작게 썰어 파스타에 사용하기도 하고, 치즈와 함께 샌드위치 재료로 사용한다.

씨겨자

씨가 들어간 머스터드 소스로 디종 머스터드에 비해 매운맛이 적고 오돌토돌 씨가 씹히는 맛이 좋다. 스프레드를 만들 때나 소스에 많이 활용되는데, 고기가 들어간 샌드위치나 스프레드를 만들 때 사용하면 좋다.

다진 오이 피클

오이 피클을 다져 제품화한 것으로 피클을 따로 다지지 않아도 되므로 스프레드나 사우전드 아일랜드 등의 소스를 만들 때 사용하면 편리하다.

사워크라우트

소금에 절인 양배추를 발효시킨 것으로 우리나라 김치와 비슷한 독일식 절임이다. 독일에서 소시지를 먹을 때 함께 내는 사워크라우트는 소시지 샌드위치를 만들 때 유용하다.

오이 피클

육류나 소시지, 햄, 해산물 등의 재료와 잘 어울리는 오이 피클은 얇게 슬라이스해서 다른 재료와 어우러지게 한다. 단맛이 나는 것과 달지 않은 맛 두 가지가 있다.

할라피뇨

매운맛이 강하고 살이 두꺼워 아삭아삭 씹히는 맛이 좋은 멕시코 고추인 할라피뇨를 피클로 만든 것. 느끼한 것을 먹을 때 한 점 먹으면 입맛이 깔끔해진다. 고기 샌드위치나 햄과 치즈가 많이 들어간 샌드위치에 더한다.

Spread & Sauce

핑크 마요네즈

칠리 마요네즈

마늘버터

레몬 마요네즈

씨겨자 마요네즈

슈거버터

피클 마요네즈

구운 양파 크림치즈

라즈베리잼 크림치즈

메이플 크림치즈

시판 활용 스프레드와 소스

마늘버터

🥄 버터 ²/₃큰술(10g), 설탕 · 다진 마늘 1작은술씩

01 버터는 상온에서 부드럽게 한 뒤 설탕과 다진 마늘을 넣어 설탕이 녹을 때까지 섞는다.

마늘 빵을 만들 때 베이스로 사용하는 마늘버터는 식빵에 발라 오븐에 바삭하게 구워 설탕을 약간 뿌려 먹어도 맛있다. 프로슈토로 샌드위치를 만들 때 빵에 마늘버터를 발라도 잘 어울린다.

슈거버터

🥄 버터 1¹/₂큰술(20g), 설탕 1작은술

01 버터는 상온에서 부드럽게 한 뒤 설탕을 넣어 고루 섞는다.

토마토나 방울토마토가 들어간 가벼운 샌드위치에 잘 어울린다. 바게트나 두꺼운 통식빵에 발라 먹어도 맛이 좋다.

구운 양파 크림치즈

🥄 다진 양파 3큰술, 크림치즈 5큰술, 식용유 약간

01 다진 양파는 식용유를 약간 두른 달군 팬에 노릇하게 볶은 뒤 기름기를 뺀다. **02** 볶은 양파에 크림치즈를 넣어 섞는다.

스프레드만으로도 맛이 좋아 다른 재료 없이 빵에 스프레드만 발라도 맛있는 샌드위치가 된다. 연어와 잘 어울리므로 연어 샌드위치를 만들 때 활용한다.

라즈베리잼 크림치즈

🥄 크림치즈 5큰술(100g), 라즈베리잼 2작은술

01 크림치즈에 라즈베리잼을 넣어 잘 섞는다.

※ 잼은 기호에 따라 원하는 과일 잼을 사용해도 된다.

디저트나 간식으로 가볍게 먹는 샌드위치를 만들 때 라즈베리 크림치즈만 바르거나 혹은 베리류의 과일을 더하면 상큼한 샌드위치가 된다.

메이플 크림치즈

🥄 크림치즈 5큰술(100g), 메이플 시럽 ²/₃큰술

01 크림치즈에 메이플 시럽을 넣어 부드럽게 고루 섞는다.

달콤하고 부드러운 맛이 베이글과 잘 어울린다. 베이글에 발라 커피와 함께 브런치로 즐기기 좋다.

핑크 마요네즈

🥄 마요네즈 2큰술, 토마토케첩 2작은술, 레몬즙 ¹/₂작은술

01 마요네즈에 토마토케첩과 레몬즙을 넣어 핑크색이 나도록 잘 섞는다.

레몬즙을 넣어 상큼함을 더해 달걀이나 햄이 들어간 샌드위치에 잘 어울리는 스프레드다. 식빵에 핑크 마요네즈를 바르고 달걀 프라이 하나만 얹어도 간단하고 맛 좋은 아침 식사가 된다.

칠리 마요네즈

🥄 마요네즈 2큰술, 핫소스 · 토마토케첩 ¹/₂작은술씩

01 마요네즈에 핫소스와 토마토케첩을 넣어 고루 섞는다.

매콤한 맛이 있어 치즈나 새우가 들어간 샌드위치와 잘 어울린다. 튀김을 넣은 샌드위치와도 맛의 조화가 좋으니 응용해본다.

레몬 마요네즈

🥄 마요네즈 2큰술, 레몬즙 1작은술, 설탕 ¹/₂작은술, 소금 약간

01 마요네즈에 레몬즙과 설탕을 넣고 잘 섞은 뒤 마지막에 소금을 아주 약간만 넣어 섞는다.

새콤달콤한 맛의 마요네즈로 해산물이 들어간 샌드위치와 잘 어울리며 채소가 많은 샌드위치에도 맛의 조화가 좋다.

피클 마요네즈

🥄 마요네즈 3큰술, 다진 오이 피클 1큰술

01 다진 오이 피클은 고운 체에 올리고 수저로 살짝 눌러 물기를 조금 제거한 다음 마요네즈를 넣어 잘 섞는다.

아삭하게 씹히는 피클이 개운한 맛을 더한다. 소시지나 햄이 많이 들어가는 샌드위치와 잘 어울린다.

씨겨자 마요네즈

🥄 마요네즈 3큰술, 씨겨자 1큰술

01 마요네즈에 씨겨자를 넣어 고루 섞는다.

씨겨자는 고기와 잘 어울리는 소스다. 쇠고기가 들어간 샌드위치에 스프레드로 활용하면 입맛을 돋우고 한결 깔끔하게 마무리된다.

Homemade Spread & Sauce

크림소스

토마토 소스

타르타르 스프레드

아보카도 스프레드

바질 페스토

베사멜 소스

치즈 소스

토마토 살사 소스

사우전드 아일랜드 스프레드

홈메이드 스프레드와 소스

크림소스

🥘 달걀노른자 1개 분량, 생크림 80㎖, 소금 약간

01 생크림에 달걀노른자를 넣어 잘 섞는다. **02** 팬에 ①을 넣고 약한 불에서 걸쭉한 상태가 될 때까지 끓이다가 소금을 약간 넣어 간한다.

기름기 없는 고기와 잘 어울리는 소스로 식사 대용으로 담백한 고기를 넣은 샌드위치를 만들 때 활용한다.

아보카도 스프레드

🥘 아보카도 1개, 마요네즈 2큰술, 레몬즙 2작은술, 간장 1작은술, 후춧가루 약간

01 아보카도는 씨가 있는 곳까지 깊숙하게 칼집을 넣고 비틀어서 반으로 나눈 다음 씨는 칼로 찍어 빼낸다. **02** 숟가락으로 아보카도 살만 도려내 볼에 넣고 포크로 곱게 으깬다. **03** 으깬 아보카도에 마요네즈와 간장, 레몬즙, 후춧가루를 넣고 잘 섞는다.

새우를 넣은 샌드위치에 맛이 가장 잘 어울리고, 담백한 과자나 빵에 발라 먹어도 맛이 좋다.

타르타르 스프레드

🥘 마요네즈 2큰술, 다진 양파 1큰술, 다진 마늘 1작은술, 꿀 1/2작은술, 마른 파슬리 가루 약간

01 마요네즈에 다진 마늘, 다진 양파, 꿀을 섞는다. **02** 재료가 고루 섞이면 마지막에 마른 파슬리 가루를 넣어 섞는다.

새우나 생선 튀김으로 샌드위치를 만들 때는 타르타르 소스가 가장 잘 어울린다. 연어 샌드위치를 만들 때 활용해도 잘 맞는다.

토마토 소스

🥘 토마토 퓌레 1캔, 다진 양파 · 올리브 오일 2큰술씩, 다진 마늘 1큰술, 소금 1/4작은술

01 달군 팬에 올리브 오일을 두르고 다진 양파와 다진 마늘을 넣고 볶는다. **02** 양파를 볶아 노릇해지면 토마토 퓌레를 넣고 저어가며 졸인다. **03** 농도가 짙어지고 분량이 2/3정도로 줄면 소금을 넣어 간한다.

식빵으로 피자 샌드위치를 만들 때나 달걀이 들어간 샌드위치와 잘 어울린다.

바질 페스토

🥘 생 바질 잎 20장, 올리브 오일 5큰술 다진 마늘 1/3작은술, 잣 30개, 아몬드 5개, 파르메산 치즈 가루 1작은술, 소금 · 설탕 약간씩

01 생 바질 잎은 물에 씻어 키친타월에 올려 물기를 제거하고, 나머지 재료도 준비한다. **02** 모든 재료를 믹서에 넣어 곱게 간다.

수란이나 토마토가 들어간 차게 먹는 샌드위치와 잘 어울린다. 담백한 치즈를 더하면 한결 맛이 좋다.

베사멜 소스

🍚 박력분 · 버터 15g씩, 우유 250㎖, 소금 1/2작은술, 후춧가루 약간

01 달군 팬에 버터를 넣어 녹인다. **02** ①의 버터에 거품이 크게 일어나면 박력분을 넣어 볶는다. 약한 불에서 저어가며 볶고 불에서 내렸다가 다시 볶는 과정을 3회 반복한다. **03** ②의 루가 매끄러워지면 팬 밑바닥을 찬물에 넣어 식힌 뒤 우유를 따뜻하게 데워 넣고 다시 불에 올려 저어가며 끓인다. **04** 약간 걸쭉한 농도가 되면 소금과 후춧가루로 간한다.

햄을 넣은 샌드위치에 치즈를 얹어 구운 크로크무슈나 크로크무슈 위에 달걀을 얹은 크로크마담을 만들 때 베이스로 베사멜 소스를 바르면 풍미가 한층 좋아진다.

사우전드 아일랜드 스프레드

🍚 삶은 달걀 1/2개, 마요네즈 31/2큰술, 토마토케첩 · 다진 양파 1큰술씩, 다진 피클 2/3큰술, 레몬즙 1작은술, 소금 · 후춧가루 약간씩

01 달걀은 완숙으로 삶아서 1/2개를 준비하고 나머지 재료도 분량대로 준비한다. **02** 준비한 모든 재료를 믹서에 넣어 곱게 간다.

삶은 달걀로 만들어 샌드위치 속 재료를 다양하게 많이 넣지 않아도 든든하게 먹을 수 있다. 스프레드를 바르고 간단하게 채소와 햄만 넣어도 맛이 좋다.

토마토 살사 소스

🍚 토마토 1개, 다진 양파 1큰술, 레몬즙 · 올리브 오일 1작은술씩, 다진 마늘 1/4작은술, 소금 약간

01 토마토는 윗부분에 열십자(+)로 칼집을 넣은 뒤 끓는 물에 살짝 데쳐 껍질을 벗긴다. **02** 껍질을 벗긴 토마토를 굵직하게 다진다. **03** 볼에 토마토를 넣고 다진 양파, 다진 마늘, 레몬즙, 올리브 오일을 넣어 섞는다. **04** 재료가 고루 섞이면 마지막에 소금을 넣어 간을 한다.

케사디아나 타코와 잘 어울리는 멕시칸 소스다. 토르티야로 샌드위치를 만들 때 채소와 고기를 듬뿍 넣고 토마토 살사 소스를 더하면 한 끼 식사로 충분하다.

치즈 소스

🍚 생크림 70g, 체다 슬라이스 치즈 2장, 고다 슬라이스 치즈 1장, 파르메산 치즈 가루 1/2큰술

01 팬에 생크림과 모든 치즈를 넣어 중약불에서 끓인다. **02** 치즈가 녹기 시작하면 저어가며 치즈가 모두 녹을 때까지 끓인 뒤 불을 끈다.

나초나 마카로니와 잘 어울리는 소스로 마카로니 샐러드로 샌드위치를 만들 때 좋다. 부드러운 빵보다 베이글 같은 단단한 빵에 발라야 덜 스며들어 느끼하지 않다.

샌드위치
맛있게 만드는
노하우 11

04 되도록 단시간에 만든다

샌드위치는 각 재료의 조합이 맛을 좌우하므로 신선할 때 먹는 게 가장 맛있다. 따뜻하게 먹는 샌드위치는 속 재료가 식기 전에, 콜드 샌드위치는 신선함이 유지됐을 때 그 맛을 제대로 느낄 수 있다. 또한 신선함을 유지하도록 손이 많이 가지 않게 빠른 시간 내에 만드는 게 좋다.

08 모차렐라 치즈는 미리 꺼내둔다

모차렐라 치즈를 샌드위치의 재료로 사용할 때는 샌드위치를 오븐에 구워 모차렐라 치즈를 부드럽게 녹이는데, 이때 모차렐라 치즈를 미리 냉장고에서 꺼내 상온에 두었다가 사용하면 한결 잘 녹고 잘 늘어난다.

01 채소의 물기를 충분히 제거한다

샌드위치를 만들 때 주의해야 할 점 중 하나는 속에 들어가는 채소의 물기를 완전히 제거해야 한다. 채소에 물기가 남아 있으면 빵에 물이 스며들어 샌드위치가 축축해지기 때문이다. 또한 빵에 스프레드를 발라도 빵이 눅눅해지므로 탈수기나 키친타월로 채소의 물기를 없앤다.

05 식감에 통일성을 준다

질긴 속 재료가 많이 들어가는 샌드위치는 바게트처럼 질긴 빵을 사용하고, 부드러운 속 재료가 많이 들어가는 샌드위치는 식빵이나 포카치아처럼 부드러운 빵을 사용해 식감에 통일성을 주면 한결 맛있는 샌드위치를 만들 수 있다.

09 그릴 자국으로 먹음직스럽게 한다

따뜻하게 먹는 샌드위치를 만들 때는 빵에 그릴 자국을 내면 한결 고급스럽고 먹음직스러워 보인다. 속 재료도 그냥 익히지 말고 그릴 자국을 내는 것이 먹기도, 보기도 좋다. 그릴 프레스를 이용하면 손쉽게 그릴 자국을 낼 수 있지만 그릴 프레스가 없을 때는 그릴 팬을 활용한다.

02 속 재료는 간을 세게 한다

속 재료는 조금 짭짤하다 싶을 정도로 간을 해야 빵과 함께 먹었을 때 간이 맞는다. 생 채소가 많이 들어간 샌드위치는 짭짤한 치즈나 베이컨으로 간을 맞추거나 스프레드를 넉넉히 발라 간을 맞춘다.

06 치즈는 자연스럽게 녹인다

따뜻하게 먹는 샌드위치를 만들 때 치즈를 녹이기 위해 오븐이나 전자레인지 등으로 열을 가하는 것보다 따뜻한 속 재료 위에 올려 자연스럽게 녹인다. 치즈의 깊은 맛이 한결 살아나고 속 재료와 치즈의 맛이 잘 어우러져 맛있다.

10 포장해야 하는 샌드위치는 빵을 굽는다

샌드위치로 도시락을 싸거나 혹은 선물을 준비한다면 포장을 하게 마련인데, 이때는 빵을 한 번 굽는 게 좋다. 포장한 후 오랜 시간 두면 아무래도 속 재료에 수분이 생기므로 빵을 한 번 미리 구워 바삭하게 만드는 게 좋다.

03 스프레드는 꼼꼼히 바른다

스프레드는 샌드위치와 속 재료의 맛을 조화롭게 하고 간을 맞추거나 맛을 더할을 할 뿐 아니라 재료의 수분이 빵에 스며들지 않게 하는 역할도 하므로 스프레드를 바를 때는 꼼꼼히 바른다. 특별한 스프레드가 없을 때는 버터나 마요네즈를 사용한다.

07 뜨거운 재료는 한 김 식혀 샌드한다

구운 베이컨이나 고기를 재료로 샌드위치를 만들 때 뜨거운 상태에서 그대로 채소 위에 올리면 채소가 숨이 죽어 질겨진다. 볶거나 구운 고기, 구운 베이컨이나 햄을 채소 위에 올릴 때는 한 김 식힌 뒤 채소 위에 올린다.

11 따뜻한 샌드위치는 한 김 식힌 뒤 포장한다

따뜻한 샌드위치를 바로 포장하면 열기로 포장한 안쪽에 김이 서리고 물기가 생겨 샌드위치가 눅눅해지기 십상이다. 또한 바로 포장하면 쉽게 상할 수 있으므로 한 김 식힌 다음 포장하는 게 좋다.

Simple & Easy Sandwich Best 5

몇 안 되는 재료로 쉽고 빠르게 만들 수 있는 인기 샌드위치 5가지!
어디서나 흔하게 맛볼 수 있는 샌드위치 메뉴지만
누구보다 쉽고, 맛있게 만들 수 있는 비결은 따로 있다.

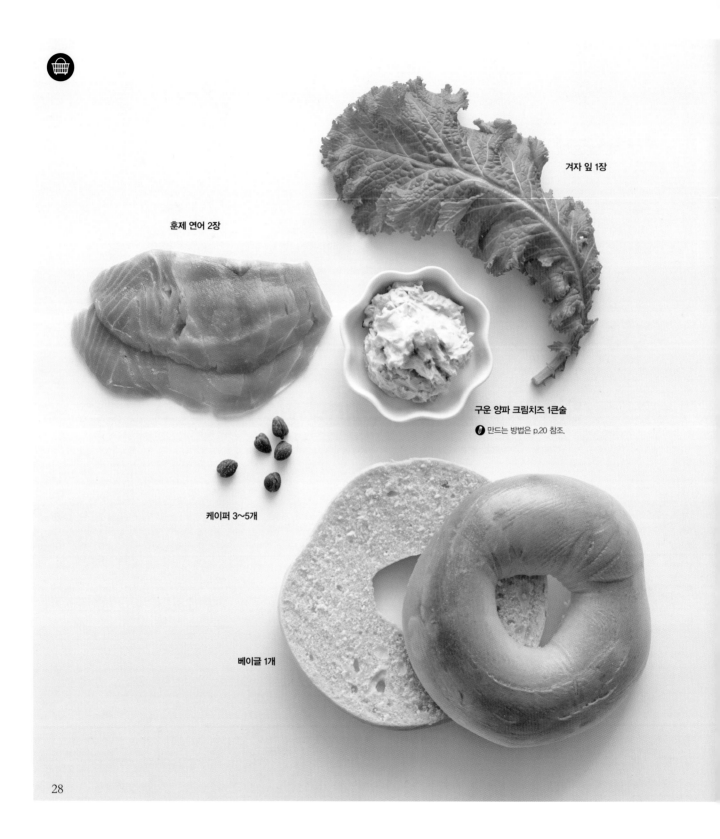

겨자 잎 1장

훈제 연어 2장

구운 양파 크림치즈 1큰술

🥄 만드는 방법은 p.20 참조.

케이퍼 3~5개

베이글 1개

연어 베이글 샌드위치

01 베이글은 가로로 반 갈라 1쪽 단면을 둘러가며 구운 양파 크림치즈를 바른다.

02 크림치즈 위에 겨자 잎을 올린 뒤 연어를 올린다.

03 연어 위에 케이퍼를 올리고 나머지 베이글 1쪽을 덮는다.

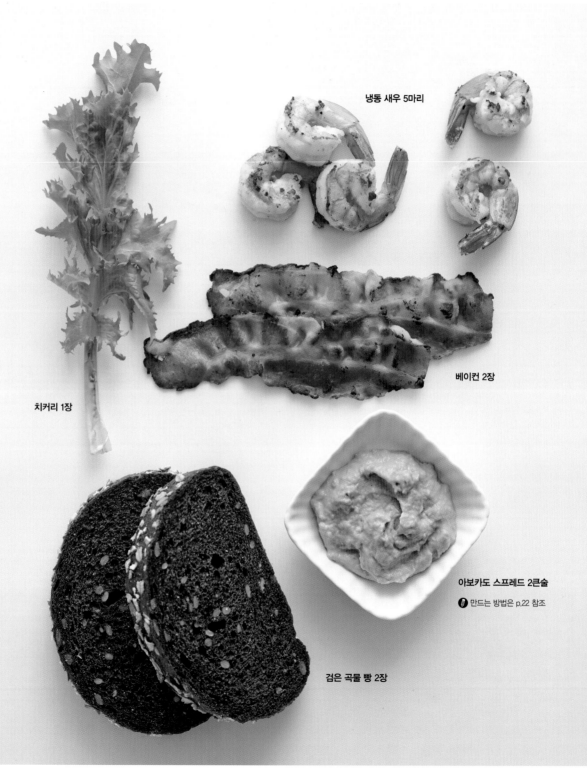

냉동 새우 5마리

베이컨 2장

치커리 1장

아보카도 스프레드 2큰술

만드는 방법은 p.22 참조

검은 곡물 빵 2장

Grain Bread Sandwich

아보카도 새우 샌드위치

01 새우는 소금물에 해동해 물기를 빼고 올리브 오일을 두른 달군 팬에 소금을 살짝 뿌려가며 굽는다.

02 베이컨은 기름 없는 팬에서 노릇하게 굽는다.

03 곡물 빵 위에 아보카도 스프레드를 바르고 치커리와 새우, 베이컨 순으로 올린 뒤
나머지 곡물 빵 1장을 올린다.

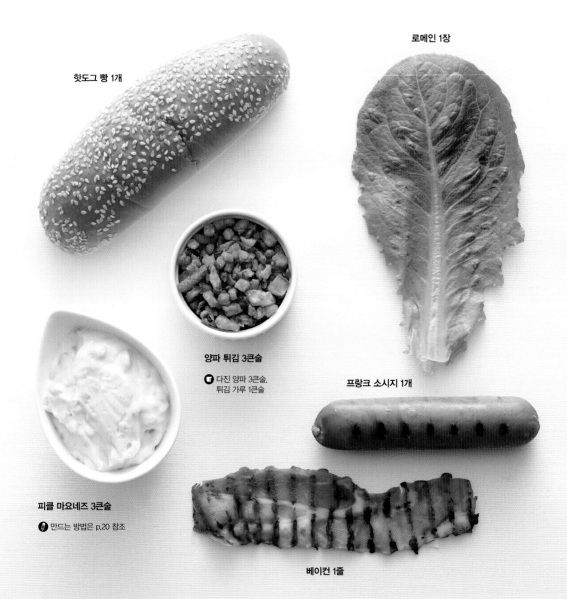

핫도그 빵 1개

로메인 1장

양파 튀김 3큰술
- 다진 양파 3큰술, 튀김 가루 1큰술

프랑크 소시지 1개

피클 마요네즈 3큰술
- 만드는 방법은 p.20 참조

베이컨 1줄

Breadroll Sandwich

양파 크런치 소시지 _{샌드위치}

01 양파는 굵직하게 다져 튀김 가루와 섞은 뒤 180℃의 튀김 기름에 바삭하게 튀기고 기름을 뺀다.

02 그릴 팬에 베이컨과 프랑크 소시지를 굽는다. **03** 핫도그 빵을 반 갈라 피클 마요네즈를 바르고 로메인을 얹는다.

04 로메인 위에 베이컨과 프랑크 소시지 순으로 얹고 양파 튀김을 뿌린다.

바게트 2쪽

브리 치즈 1/2개

프로슈토 1장

사과 1/2개

메이플 시럽 2큰술

다진 호두알 1큰술

사과 브리 치즈 프로슈토 ^{샌드위치}

01 바게트는 기름 없는 팬에 살짝 굽는다. **02** 브리 치즈는 길이대로 얇게 슬라이스하고, 사과도 납작하게 썬다.

03 바게트에 프로슈토를 반 잘라 올리고 그 위에 사과와 치즈를 번갈아 올린다.

04 ③ 위에 호두 살을 굵직하게 다져 올린 다음 메이플 시럽을 뿌린다.

식빵 2장

타르타르 스프레드 3큰술

만드는 방법은 p.22 참조.

새우튀김 4개

오이 1/2개

토마토 1/3개

새우튀김 <small>샌드위치</small>

01 오이는 필러로 길이대로 얇게 슬라이스하고, 토마토는 둥근 모양으로 썬다.

02 새우는 머리와 껍질을 제거하고 밀가루와 달걀, 빵가루 순으로 튀김옷을 입혀
180℃의 튀김 기름에 노릇하게 튀긴 뒤 기름을 뺀다.

03 식빵은 토스터에 노릇하게 구워 한 면에만 타르타르 스프레드를 얇게 펴 바른 뒤 오이를 반 접어 올린다.

04 오이 위에 토마토와 새우튀김을 올리고 남은 타르타르 스프레드를 뿌린 다음 나머지 식빵 1장을 덮는다.

02

따뜻하게 먹는 샌드위치

치즈를 녹여 고소한 맛을 더하고 신선한 채소와 구운 고기로 속을 채우는 샌드위치는 따뜻할 때 먹어야 더 맛있다. 가족을 위한 주말 브런치, 든든한 한 끼가 되는 간식, 손님상에 내놓아도 손부끄럽지 않은 고급스러움까지 겸비한 메뉴로 두루두루 활용할 수 있다.

카망베르 허니 샌드위치

● 카망베르 허니 샌드위치 만드는 법

카망베르 치즈를 6등분 한다.

치아바타를 반으로 가른다.

치아바타 위에 카망베르 치즈를 올린다.

카망베르 치즈 위에 꿀을 뿌리고 치아바타를 덮는다.

달군 그릴 팬에 치아바타를 얹고 냄비 뚜껑으로 눌러 앞뒤로 그릴 자국을 내고 치즈를 녹인다.

치아바타를 먹기 좋게 자르고 꿀을 얹은 뒤 슬라이스 아몬드를 뿌린다.

카망베르 허니 샌드위치

브런치 메뉴로 인기를 끌고 있는 허니 카망베르 치즈 파니니를 응용한 샌드위치다. 빵은 치아바타를
활용해 담백함과 고소함을 더했다. 빵 사이에 카망베르 치즈를 넣고 팬에서 따뜻하게 데워 치즈를 부드럽게 녹인 뒤
꿀과 아몬드를 곁들여 고소하고 달콤하게 즐기는 샌드위치.

치아바타 1개
카망베르 치즈 ½개
꿀 2큰술
슬라이스 아몬드 1큰술

01 카망베르 치즈는 반으로 자른 뒤 부채꼴 모양으로 3등분 하여 총 6쪽을 만든다.

02 치아바타는 가운데에 깊게 칼집을 내 펼친다. 끝까지 자르지 않도록 주의한다.

03 치아바타 반쪽 가운데에 카망베르 치즈를 지그재그로 촘촘히 올린다.

04 치즈 위에 꿀 1큰술을 골고루 뿌린 뒤 나머지 치아바타 반쪽을 덮는다.

05 그릴 팬을 뜨겁게 달군 뒤 ④의 치아바타를 얹고 불을 중약불로 줄인다.

06 그릴 팬보다 크기가 작은 냄비 뚜껑으로 치아바타를 눌러 그릴 자국을 내고
납작하게 만든다.

07 가운데 치즈가 녹아 약간 삐져나오면 치아바타를 뒤집고 다시 한 번 냄비 뚜껑으로
눌러 반대쪽에도 그릴 자국을 낸다.

08 치아바타를 팬에서 꺼내 먹기 좋게 자르고. 그 위에 나머지 꿀 1큰술을 골고루 얹은 뒤
슬라이스 아몬드를 뿌린다.

> **TIP**

– 그릴 팬은 치아바타에 모양을 내기 위함이니 그릴 팬이 없을 때는 일반 프라이팬을
사용해도 된다. 가장 좋은 방법은 샌드위치 프레스를 이용하는 것이다.

– 치즈를 좋아한다면 레서피보다 2쪽 정도 더 넣어도 좋지만 그 이상 넣으면 치즈 맛이 강해
오히려 느끼할 수 있다.

– 꿀과 아몬드는 기호에 따라 가감한다.

콘 치즈 샌드위치

식감이 좋고 축촉한 포카치아 위에 마요네즈를 듬뿍 섞은 콘 샐러드를 얹고 모차렐라 치즈를 올려 오븐에
구워내는 오픈 샌드위치. 다양한 연령층의 입맛에 잘 맞아 누구나 부담 없이 즐길 수 있다. 아이들 간식으로도 좋고,
만들기도 간단해 출출한 밤에 야식으로 맥주 한 잔과 곁들여도 그만이다.

포카치아(15×15cm) 1개
통조림 옥수수 ½캔
청·홍피망 ⅛개씩
양파 ½개
마요네즈 3큰술
슈레드 모차렐라 치즈
2큰술

01 통조림 옥수수는 체에 밭쳐 물기를 뺀다.

02 양파는 옥수수알과 비슷한 크기로 잘게 썬다.

03 피망은 씨와 속살을 깨끗이 정리한 뒤 양파와 비슷한 크기로 썬다.

04 옥수수와 양파, 피망을 한데 섞는다.

05 ④에 마요네즈를 넣고 채소가 부서지지 않게 살살 골고루 섞어 콘 샐러드를 만든다.

06 빵칼을 이용해 포카치아를 얇게 2쪽으로 나눈다.

07 포카치아 자른 면 위에 콘 샐러드를 듬뿍 올린 뒤 슈레드 모차렐라 치즈를
뿌린다.

08 200℃로 예열한 오븐에 ⑦을 넣고 치즈가 녹아 노릇노릇해질 때까지
7~10분 정도 구워낸다.

> **TIP**
> – 아이 간식으로 만들 때는 콘 샐러드에 설탕 1작은술을 넣어 단맛을 더한다.
> – 포카치아가 없을 때는 식빵을 활용해도 좋다.
> – 오븐이 없을 때는 뚜껑이 있는 프라이팬에 쿠킹 포일을 깔고 얹은 뒤 뚜껑을 덮고 약한
> 불에서 치즈가 녹을 때까지 굽는다.

● 콘 치즈 샌드위치 만드는 법

통조림 옥수수는 체에 밭쳐 물기를 뺀다.

양파는 옥수수알 크기로 자른다.

청·홍피망은 양파와 비슷한 크기로 자른다.

포카치아 위에 콘 샐러드를 듬뿍 얹는다.

콘 샐러드 위에 모차렐라 치즈를 뿌린다.

옥수수와 양파, 피망을 한데 섞는다.

채소에 마요네즈를 섞어 콘 샐러드를 만든다.

포카치아를 얇게 반 갈라 자른다.

200℃의 오븐에 넣고 7~10분 정도 굽는다.

캐러멜 브레드

인절미 샌드위치

● 캐러멜 브레드 만드는 법

3~4cm 두께의 통식빵에 바둑판 모양으로 칼집을 넣는다.

달군 팬에 버터를 녹이고 식빵을 얹어 앞뒤로 노릇하게 굽는다.

팬에 캐러멜 스프레드를 넣어 살짝 녹이고 불을 끈다.

식빵 자른 면에 캐러멜 스프레드를 고루 묻힌다.

캐러멜 스프레드가 묻은 식빵 위에 슈거파우더를 고루 뿌린다.

식빵 위에 생크림과 슬라이스 아몬드를 올려 장식한다.

캐러멜 브레드

카페에서 커피와 함께 즐겨 먹던 캐러멜 브레드를 집에서도 즐길 수 있다. 손님이 왔을 때
커피나 주스 등의 음료와 함께 내기 좋은 메뉴다. 생크림을 얹은 빵이므로 아이들 간식으로 낼 때는 우유보다는
신선한 과일 주스와 함께 준비하는 것이 좋다.

통식빵 3~4cm 두께 1쪽
버터 1큰술
시판 캐러멜 스프레드
1큰술

장식
생크림 · 슈거파우더 ·
슬라이스 아몬드
적당량씩

01 통식빵은 3cm 폭의 바둑판 모양이 되게 ⅓ 정도 깊이로 칼집을 넣는다.

02 달군 팬에 버터 ½큰술을 넣어 녹인 뒤 식빵의 자른 면이 팬에 닿게 얹는다.

03 식빵이 노릇하게 구워지면 식빵을 들어내고 나머지 버터를 넣고 녹으면
식빵의 반대쪽을 굽는다.

04 식빵을 구워낸 팬에 캐러멜 스프레드를 넣어 부드러워질 정도로만 살짝 녹이고
불은 끈 뒤 그 위에 식빵의 자른 면이 닿게 얹는다.

05 식빵의 자른 면에만 캐러멜 스프레드를 고루 묻히고 접시에 담아낸다.

06 슈거파우더를 고운 체에 담아 식빵 위에 톡톡 쳐가며 고루 뿌린다.

07 식빵 위에 생크림의 거품을 올려 얹고 슬라이스 아몬드를 뿌린다.

TIP

– 생크림으로 거품을 올릴 때는 거품기와 볼을 미리 냉장고에 넣어 차게 두면 크림이 단단하게
잘 오른다. 크림을 올리기 어려울 때는 시판 휘핑크림을 활용해도 된다.

– 슬라이스 아몬드 대신 좋아하는 견과류를 잘게 썰어 올려도 된다.

– 캐러멜 스프레드는 그대로 식빵에 발라 먹어도 맛있고, 커피에 섞어 캐러멜 마키아토를
만들어도 좋다.

● 인절미 샌드위치 만드는 법

잉글리시 머핀은 반으로 갈라 자른다.

머핀은 오븐 팬에 올려 200℃ 오븐에서
3~4분 정도 굽는다.

머핀 위에 인절미를 3개씩 올린다.

인절미 위에 꿀을 고루 뿌리고 다른 머핀
반쪽을 덮는다.

인절미가 부드러워질 정도로 전자레인지에서
40초 정도만 조리한다.

머핀 위에 콩가루를 체에 내려가며 뿌린다.

인절미 샌드위치

잉글리시 머핀 사이에 인절미를 넣고 전자레인지에서 데워 인절미를 촉촉하고 부드럽게 만든 다음
꿀, 콩가루와 함께 곁들여 먹는 퓨전 샌드위치. 인절미의 담백함과 콩가루의 고소함은 서양식 샌드위치에
한국적인 맛을 가미한 퓨전스타일.

잉글리시 머핀 2개
인절미 6개
꿀 2큰술
콩가루 적당량

01 잉글리시 머핀은 반으로 갈라 자른다.

02 오븐 팬 위에 머핀을 올려 200℃로 예열한 오븐에서 3~4분 정도 구워낸다.

03 머핀 1쪽 위에 인절미를 3개씩 올린 뒤 인절미 위에 꿀을 고루 뿌리고
다른 머핀 1쪽을 뚜껑처럼 덮는다.

04 ③의 머핀을 접시에 올리고 전자레인지에서 40초 정도 조리해 인절미를
부드럽게 한다.

05 콩가루를 고운 체에 담고 머핀 위에 체를 톡톡 쳐가며 솔솔 뿌린다.

TIP

– 인절미는 크기에 따라 분량을 조절한다.

– 전자레인지에서 너무 오래 조리하면 인절미가 금세 딱딱해지므로 40초 정도 조리하는 게
적당하다.

– 더 달콤한 맛을 원한다면 꿀을 따로 담아 머핀을 꿀에 찍어가며 먹어도 된다.

카야잼 샌드위치

바나나 땅콩버터 샌드위치

바나나 땅콩버터 샌드위치

곡물 식빵 2장
바나나(큰 것) ½개
설탕 2큰술
땅콩버터 1큰술
시나몬 파우더 약간

01 곡물 식빵은 지름 3~4cm 크기의 둥근 틀로 찍어 동그란 모양으로 잘라낸다.

02 ①의 식빵 위에 땅콩버터를 도톰하게 바른 뒤 180℃로 예열한 오븐이나 미니 오븐에서 5분간 굽는다.

03 바나나는 둥근 모양을 살려 1cm 폭으로 썬다.

04 작은 팬에 설탕을 넣어 녹으면 불을 줄이고 흰 거품이 보글보글 올라오며 캐러멜 색이 나면 바나나를 1조각씩 올리고 바로 불을 끈다.

05 ②의 식빵 위에 바나나를 1조각씩 올려 접시에 담고 시나몬 파우더를 뿌린다.

> **TIP**
> – 설탕을 녹여 캐러멜을 만들 때 쉽게 탈 수 있으니 설탕이 녹으면 불을 줄여 타지 않게 한다. 흰 거품이 보글보글 올라오고 갈색이 되면 바로 불을 꺼야 한다.
> – 땅콩버터는 냉장 보관하면 부드럽게 바르기 쉽지 않으니 상온에 미리 꺼내둔다.
> – 남은 빵 활용은 p.198 참조.

카야잼 샌드위치

식빵 2장
카야잼 1큰술
버터 ⅔큰술

01 식빵은 가장자리를 잘라내고 각각 밀대로 밀어 납작하게 만든다.

02 식빵 한 면에 버터를 바르고 그 위에 카야잼을 얇게 펴 바른다.

03 나머지 식빵 1장을 덮은 뒤 다시 한 번 밀대로 밀어 납작하게 한다.

04 미니 오븐이나 토스터에 식빵 겉이 바삭할 정도로 굽고 먹기 좋게 자른다.

> **TIP**
> – 카야잼을 많이 바르면 밀대로 밀 때 잼이 삐져나올 수 있으므로 얇게 바른다.
> – 식빵을 바삭하게 구워 쿠키 같은 식감을 살리는 것이 포인트!
> – 달걀을 반숙으로 조리해 카야잼 샌드위치를 찍어 먹으면 맛 좋은 든든한 한 끼가 된다.

● 바나나 땅콩버터 샌드위치 만드는 법

곡물 식빵을 둥근 틀로 찍어 동그란 모양으로
잘라낸다.

식빵 위에 땅콩버터를 도톰하게 바른다.

180℃로 예열한 오븐이나 미니 오븐에
땅콩버터를 바른 식빵을 5분간 굽는다.

작은 팬에 설탕을 넣고 저어가며 녹여
캐러멜을 만든다.

설탕에 거품이 올라오면 바로 불을 끄고
바나나를 얹는다.

캐러멜을 묻힌 바나나를 구운 식빵 위에
얹는다.

바나나는 1cm 두께로 도톰하게 썬다.

바나나를 올린 식빵 위에 시나몬 파우더를
뿌려 완성한다.

카야잼 샌드위치 만드는 법

식빵은 가장자리를 잘라내고 밀대로
납작하게 민다.

식빵에 버터를 바르고 그 위에 카야잼을
얇게 펴 바른다.

식빵 1장을 덮고 다시 밀대로 납작하게 민다.

토스터나 미니 오븐에 식빵 겉이 바삭하게
굽는다.

마늘 바게트 오픈 샌드위치

● 마늘 바게트 오픈 샌드위치 만드는 법

바게트는 1.5cm 두께로 어슷하게 썬다.

버터에 설탕을 섞어 슈거버터를 만든다.

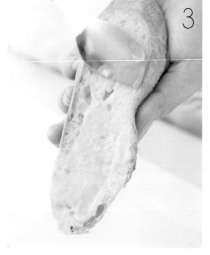

바게트 한 면에 슈거버터 스프레드를
얇게 퍼 바른다.

슬라이스한 마늘 위에 올리브 오일을 골고루
바른다.

스프레드를 바른 바게트 위에 마늘
슬라이스한 마늘을 3쪽씩 올린다.

200℃로 예열한 오븐에서 8~10분간 구운
바게트 위에 파슬리 가루를 뿌린다.

마늘 바게트 오픈 샌드위치

보통 마늘 바게트를 만들 때 버터에 다진 마늘과 설탕을 섞어 바게트에 바르는데, 버터에 설탕만 섞어
바게트에 바르고 슬라이스 마늘을 올리면 한층 풍미가 좋아진다. 술안주로 즐기고 싶다면 슬라이스 마늘을
넉넉하게 올려도 좋다.

바게트 4쪽
허니버터 스프레드
2큰술
슬라이스한 마늘 12쪽
올리브 오일 · 파슬리
가루 약간씩

슈거버터는 p.20 참조.

01 바게트는 빵칼을 이용해 1.5cm 두께로 어슷하게 썰어 4쪽을 준비한다.

02 바게트 한 면에만 슈거버터 스프레드를 얇게 펴 바른다.

03 슬라이스한 마늘에 올리브 오일을 골고루 바른다.

04 바게트 위에 ③의 마늘을 3개씩 올린 뒤 200℃로 예열한 오븐에서
8~10분 정도 마늘이 노릇해질 때까지 굽는다.

05 바게트는 겉이 노릇하게 구운 뒤 오븐에서 꺼내 파슬리 가루를 뿌려
풍미를 더한다.

> **TIP**
> – 통마늘이 있으면 직접 얇게 썰어 준비하고 없을 때는 슬라이스된 마늘을 구입해도 상관없다.
> – 바게트는 오래 구우면 먹기 불편할 정도로 딱딱해질 수 있으니 바삭할 정도로만 굽는다.
>   오븐이 없을 때는 팬에 마늘을 살짝 구워 바게트에 올리고 다시 바게트를 팬에 올려 굽는다.
> – 아이들 간식으로 낼 때는 마늘을 얹지 말고 슈거버터 스프레드만 발라 살짝 구워도 된다.

더블 치즈 크로크무슈 샌드위치

● 더블 치즈 크로크무슈 샌드위치 만드는 법

검은 곡물 빵 한 면에 베사멜 소스를
도톰하게 펴 바른다.

베사멜 소스 위에 고다 치즈를 얹는다.

고다 치즈 위에 슬라이스 햄을 얹는다.

햄 위에 나머지 곡물 빵 1장을 베사멜 소스가
위쪽을 향하게 얹는다.

그뤼예르 치즈를 다져 베사멜 소스 위에
듬뿍 뿌린다.

200℃로 예열한 오븐에서 6~8분 정도 굽는다.

더블 치즈 크로크무슈 샌드위치

크로크무슈는 햄을 넣은 샌드위치에 치즈를 얹어 구운 프랑스식 샌드위치다. 여기에 베사멜 소스를
더하면 부드럽고 고소한 맛과 치즈의 풍미가 한층 좋아진다. 흔히 먹는 햄치즈 샌드위치와 비슷하지만
한결 고급스러운 맛이 난다.

검은 곡물 빵 2장
베사멜 소스 3큰술
슬라이스 햄 2장
고다 슬라이스 치즈 1장
그뤼예르 치즈 적당량

베사멜 소스는 p.22 참조.

01 검은 곡물 빵은 각각 한 면에 베사멜 소스를 골고루 펴 바른다.

02 ①의 곡물 빵 1장 위에 고다 치즈를 올리고 그 위에 슬라이스 햄을 얹는다.

03 햄 위에 나머지 곡물 빵을 덮는데, 베사멜 소스 바른 면이 위로 오게 덮는다.

04 그뤼예르 치즈를 갈아서 베사멜 소스 위에 골고루 듬뿍 뿌린다.

05 200℃로 예열한 오븐에 ④를 넣고 치즈를 덮은 윗면이 약간 노릇해질 때까지
6~8분 정도 구워낸다.

TIP

– 고다 치즈가 없을 때는 체다 슬라이스 치즈를 사용하고, 그뤼예르 치즈 대신
  모차렐라 치즈도 괜찮다.

– 크로크무슈는 구워서 바로 먹어야 치즈의 부드러운 맛과 향을 제대로 즐길 수 있다.

– 크로크무슈 위에 달걀 프라이를 얹은 샌드위치를 '크로크마담'이라 부른다.

크림소스 치킨 샌드위치

빵 사이에 구운 닭 가슴살과 볶은 양송이버섯, 할라피뇨, 치즈를 얹어 오븐에 구운 샌드위치는
한 끼 식사로 충분하다. 크림소스의 부드럽고 고소한 맛에 모차렐라 치즈까지 더해 자칫 느끼할 수 있지만
할라피뇨를 넣어 깔끔하게 마무리된다.

화이트 곡물 빵 2장
닭 가슴살 1쪽
양송이버섯 2개
슬라이스 할라피뇨 6개
크림소스 2큰술
모차렐라 치즈 1쪽
(0.3cm 두께)
소금 · 후춧가루 ·
식용유 약간씩

크림소스는 p.22 참조.

01 닭 가슴살은 1cm 두께로 썬 뒤 소금과 후춧가루를 약간씩 뿌려 밑간한다.

02 양송이버섯은 갓의 껍질을 얇게 벗긴 뒤 모양을 살려 슬라이스한다.

03 팬에 식용유를 두르고 달군 뒤 양송이버섯을 넣어 소금과 후춧가루로
살짝 간하며 재빨리 볶아낸다.

04 팬에 다시 식용유를 약간 두른 뒤 닭 가슴살을 얹어 한 면을 노릇하게 굽고 뒤집어서
다른 한 면도 노릇하게 굽는다.

05 화이트 곡물 빵 1장 위에 구운 닭 가슴살을 살짝 겹쳐가며 얹는다.

06 닭 가슴살 위에 크림소스를 고루 얹고 볶은 양송이버섯을 모두 올린다.

07 양송이버섯 위에 할라피뇨를 얹고 그 위에 모차렐라 치즈를 얹는다.

08 나머지 화이트 곡물 빵 1장을 덮은 뒤 180℃로 예열한 오븐에 넣고 치즈가 녹아
흐를 정도로 4~5분간 굽는다.

TIP

- 양송이버섯을 볶을 때는 팬에 기름을 둘러 달군 뒤 센 불에서 재빨리 볶아내야
버섯에 물이 생기지 않고 질겨지지 않는다.

- 할라피뇨는 기호에 따라 가감한다. 아이를 위한 메뉴로 만들 때는 할라피뇨가 매울 수
있으니 오이 피클을 슬라이스해서 올린다.

- 오븐이 없다면 뚜껑이 있는 팬에 올려 약한 불에서 굽는다.

● 크림소스 치킨 샌드위치 만드는 법

닭 가슴살은 1cm 두께로 썬다.

양송이버섯은 갓의 껍질을 벗겨 모양대로 슬라이스한다.

닭 가슴살 위에 크림소스를 얹는다.

크림소스 위에 볶은 양송이버섯을 얹는다.

양송이버섯 위에 할라피뇨를 얹는다.

팬에 식용유를 약간 두르고 달군 뒤 양송이버섯을 넣어 살짝 볶는다.

팬에 다시 식용유를 두르고 닭 가슴살을 넣고 앞뒤로 노릇하게 굽는다.

화이트 곡물 빵 위에 구운 닭 가슴살을 얹는다.

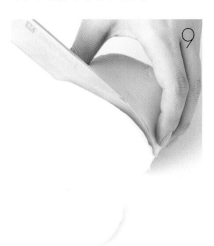

모차렐라 치즈를 0.3cm 두께로 썰어 할라피뇨 위에 얹는다.

치즈 위에 나머지 빵 1장을 덮고 180℃로 예열한 오븐에 넣고 4~5분간 굽는다.

프랑크 소시지 에그 샌드위치

소시지와 달걀, 피클 등 냉장고 속 흔한 재료로 쉽게 만들 수 있는 간단 샌드위치.
식어도 그다지 맛의 차이가 없어 아이들 도시락뿐 아니라 소시지나 햄을 좋아하는 어른도 좋아할 만한 맛이다.
주말 늦은 아침 온 가족 브런치 메뉴로도 그만이다.

식빵 2장
프랑크 소시지 2개
미니 오이 피클 2개
달걀 1개
사우전드 아일랜드
스프레드 3큰술
소금 · 식용유 약간씩

사우전드 아일랜드
스프레드는 p.22 참조.

01 프랑크 소시지는 길게 반 잘라 끓는 물에 살짝 데쳐 기름기 등을 빼고 키친타월에
올려 물기를 없앤다.

02 미니 오이 피클은 길이대로 얇게 슬라이스한다.

03 식용유를 두른 달군 팬에 달걀은 깨뜨려 곱게 풀어 넣고 젓가락으로 휘저어가며
스크램블드에그를 만든다. 중간에 소금을 약간만 넣어 간한다.

04 식빵은 팬이나 토스터에 노릇하게 구운 다음 2장 모두 한 면에만
사우전드 아일랜드 스프레드를 바른다.

05 스프레드를 바른 식빵 1장 위에 소시지의 둥근 부분이 위로 오게 얹고
소시지 사이사이에 스크램블드에그를 얹는다.

06 소시지 위에 오이 피클 슬라이스를 올린 뒤 나머지 식빵을 덮는다.

07 샌드위치를 쿠킹 랩으로 감싸 속 재료가 흐트러지지 않게 반 자른다.

◁ TIP

– 소시지는 끓는 물에 살짝만 데쳐내도 아질산염이 80% 이상 제거돼 한결 건강하게
먹을 수 있다.

– 샌드위치에 여러 가지 재료가 들어갈 때 그냥 자르면 자칫 속 재료가 빠져나오거나
흐트러지기 십상이다. 이럴 때는 쿠킹 랩으로 샌드위치를 감싼 뒤 자르면
속 재료를 그대로 보존할 수 있다.

프랑크 소시지 에그 샌드위치 만드는 법

프랑크 소시지는 길게 반 잘라 끓는 물에 데치고 건져서 물기를 뺀다.

식빵은 노릇하게 토스트한다.

식빵은 2장 모두 한 면에만 사우전드 아일랜드 스프레드를 펴 바른다.

식빵의 스프레드를 바른 면 위에 소시지를 올린다.

미니 오이 피클은 길이대로 얇게 썬다.

달걀은 곱게 풀어 젓가락으로 휘저어가며 스크램블드에그를 만들어 소금으로 간한다.

소시지 사이사이에 스크램블드에그를 채워가며 올린다.

소시지 위에 오이 피클을 올린다.

나머지 식빵 1장을 얹고 쿠킹 랩으로 감싼 뒤 반 자른다.

새우 오믈렛 샌드위치

달걀에 새우, 양파, 치즈 등을 다져 넣고 오믈렛을 만든 뒤 식빵 위에 올리고 토마토케첩과 머스터드를 뿌린
오픈 샌드위치로 길거리 토스트와 맛이 비슷하다. 쌀 식빵을 이용해 밥과 달걀말이를 함께 먹는 것과 같아 영양은 물론
든든한 한 끼를 해결할 수 있다.

쌀 식빵 2장
체다 슬라이스 치즈 1장
냉동 새우 3마리
달걀(작은 것) 2개
양파 ¼개
시판 오이 피클 1개
토마토 소스 3큰술
우유 2큰술
소금 · 토마토케첩 ·
머스터드 약간씩

토마토 소스는 p.22 참조.

01 체다 슬라이스 치즈는 사방 1cm 크기로 자른다.

02 새우는 소금물에 해동해 한 번 헹군 뒤 새끼손톱만 한 크기로 작게 썰고,
양파도 잘게 다진다.

03 볼에 달걀을 곱게 푼 뒤 ①~②의 재료와 우유, 소금을 약간 넣고 잘 섞는다.

04 작은 사각 팬에 식용유를 두르고 키친타월로 여분의 기름기를 살짝 닦아낸다.

05 ④의 팬에 ③의 달걀물을 부어 오믈렛을 만든 뒤 반 자른다.
오믈렛은 센 불에서 익히면 달걀이 탈 수 있으니 약한 불에서 타지 않게 익힌다.

06 오이 피클은 곱게 다진다.

07 쌀 식빵 한 면에 토마토 소스를 바르고 다진 오이 피클을 펴 바른다.

08 ⑦에 새우 오믈렛을 얹고 그 위에 토마토케첩과 머스터드를 뿌린다.

TIP

– 쌀 식빵이 없으면 일반 식빵을 사용해도 된다.

– 오믈렛을 만들 때 팬에 식용유를 많이 두르면 오믈렛이 예쁘게 부쳐지지 않으니
식용유를 두르고 키친타월로 여분의 기름기를 살짝 닦는다.

– 오믈렛은 우유를 넣으면 한결 부드럽다.

● 새우 오믈렛 샌드위치 만드는 법

체다 슬라이스 치즈는 사방 1cm 크기로
자른다.

새우는 새끼손톱만 한 크기로 작게 자르고
양파는 잘게 다진다.

달걀은 곱게 푼다.

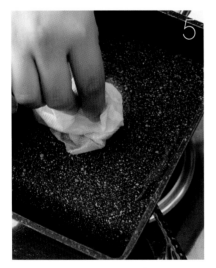

달군 팬에 식용유를 두르고 키친타월로
여분의 기름기를 살짝 닦는다.

팬에 달걀물을 붓고 중약불로 줄여 타지 않게 오믈렛을 만든다.

달걀에 양파를 넣고 치즈와 새우, 우유를 넣어 잘 풀어가며 섞는다.

식빵에 토마토 소스를 바르고 그 위에 다진 피클을 펴 바른다.

토마토 소스와 피클을 바른 식빵 위에 오믈렛을 올린다.

오믈렛 위에 토마토케첩과 머스터드를 뿌린다.

멕시칸 새우 랩 샌드위치

멕시칸 음식 파히타를 응용해 만든 샌드위치로 우리 입맛에 잘 맞게 고춧가루를 뿌려 매콤하게 구운 새우에
채소와 치즈를 곁들였다. 토르티야로 감싼 랩 샌드위치라 한 손에 쥐고 먹기 편해 외출용 도시락으로도 제격이다.

토르티야(지름 24cm) 1장
냉동 새우 6~8마리
붉은 양파 1/8개(슬라이스 3쪽)
잎 채소 2장
고춧가루 1/2작은술
허니 머스터드 2큰술
소금 · 후춧가루 ·
식용유 약간씩
콜비 치즈 적당량

01 새우는 가볍게 씻고 물기를 뺀다.

02 달군 팬에 식용유를 약간 두르고 ①의 새우를 얹은 뒤 소금과 후춧가루를
약간 뿌려 굽다가 고춧가루를 뿌려 마저 굽는다.

03 붉은 양파는 얇게 채 썰고, 잎 채소는 흐르는 물에 한 번 씻고 물기를
잘 제거한다.

04 토르티야는 지름 12cm 정도의 둥근 틀로 찍어 작은 토르티야 2장을 만든다.

05 토르티야 위에 허니 머스터드를 뿌리거나 바른 뒤 가운데에 잎 채소를 얹는다.

06 잎 채소 위에 구운 새우를 크기에 따라 3~4마리씩 올리고 그 위에
붉은 양파 채를 올린 뒤 콜비 치즈를 갈아서 듬뿍 뿌린다.

07 토르티야를 둥글게 말고 유산지를 잘라서 가운데를 감싸 흐트러지지 않게
모양을 잡는다.

TIP

– 좀 더 매콤하게 먹으려면 고춧가루를 더 뿌려 굽고, 양파의 매운맛이 강하다면 채 썬 뒤
찬물에 담가 매운맛을 뺀다.

– 콜비 치즈가 없을 때는 체다 슬라이스 치즈를 갈아서 사용한다.

– 잘라내고 남은 토르티야는 가늘게 채 썰어 버터를 바르고 설탕과 시나몬 가루를 뿌려
오븐에 구우면 맛있는 간식이 된다.

● 멕시칸 새우 랩 샌드위치 만드는 법

1

2

새우는 식용유를 두른 달군 팬에 올려 소금과 후춧가루로 간하고 고춧가루를 뿌려 굽는다.

붉은 양파는 곱게 채 썬다.

5

6

7

잎 채소 위에 구운 새우를 얹는다.

새우 위에 붉은 양파 채를 얹는다.

콜비 치즈는 곱게 간다.

토르티야는 지름 10~12cm 정도의 둥근 틀로
찍어 2장을 만든다.

토르티야 위에 머스터드를 뿌리고 그 위에 잎 채소를 얹는다.

양파 채 위에 콜비 치즈를 얹는다.

토르티야를 둥글게 만 뒤 유산지로 가운데를
감싼다.

선 드라이드 토마토 샌드위치

가지와 양파, 선 드라이드 토마토를 주재료로 사용해 다이어트 중이거나 채식하는 사람들에게 좋다.
토마토 소스의 상큼함과 에담 치즈의 고소함이 더해져 느끼하지 않은 깔끔한 맛을 낸다.
먹기 직전에 재료를 조리해 따뜻할 때 먹어야 제맛이다.

바게트 10cm
양파 · 가지 ⅓개씩
선 드라이드 토마토 3개
토마토 소스 3큰술
에담 치즈 적당량
소금 · 후춧가루 약간씩
올리브 오일 적당량

토마토 소스는 p.22 참조.

01 양파는 채 썰어 올리브 오일을 두른 달군 팬에 넣고 소금과 후춧가루로
간하여 볶는다.

02 가지는 0.5cm 두께로 어슷 썬 뒤 달군 팬에 올리브 오일을 살짝 둘러
노릇하게 굽는다.

03 바게트는 깊숙하게 칼집을 넣어 잘라지지 않도록 반으로 가른 뒤 그릴 팬에
자른 단면을 펼쳐 올려 굽는다.

04 구운 바게트의 안쪽 면에 토마토 소스를 펴 바르고 볶은 양파를 올린다.

05 양파 위에 구운 가지를 올리고 에담 치즈를 슬라이스해서 올린다.

06 치즈 위에 선 드라이 토마토를 반 잘라 올린 뒤 바게트를 살짝 오므린다.

> **TIP**
> – 가지를 구울 때는 달군 팬에 식용유를 두르고 기름에 열이 오른 뒤 가지를 올려 구워야
>   가지가 기름을 많이 먹지 않는다. 식용유에 열이 오르지 않으면 가지가 기름을 빨아들여
>   더 많은 양을 두르게 되니 주의한다.
> – 에담 치즈가 없을 때는 고다 치즈를 사용해도 된다.

● 선 드라이드 토마토 샌드위치 만드는 법

양파는 채 썰어 소금과 후춧가루로 간하여 숨이 살짝 죽을 정도로만 볶는다.

그릴 팬에 바게트를 굽고 안쪽에 토마토 소스를 바른다.   바게트 위에 볶은 양파를 얹는다.

가지는 어슷 썰어 달군 팬에 기름을 약간만 둘러 굽는다.

바게트는 깊숙하게 칼집을 넣어 가른다.

양파 위에 구운 가지를 얹는다.

에담 치즈를 얇게 슬라이스해서 가지 위에
올린다.

치즈 위에 선 드라이 토마토를 반 잘라
올린다.

수란 바질 페스토 샌드위치

달걀, 치즈, 베이컨, 토마토가 한데 모인 영양 샌드위치다. 단백질이 풍부해 한창 자라는 아이의
영양식으로도 좋고 한 끼를 든든히 채워줄 점심으로도 부담 없이 즐길 수 있는 메뉴다. 페스토의 진한 바질 향과
치즈 맛의 조화도 일품이다.

잉글리시 머핀 1개
베이컨 1줄
달걀 1개
고다 슬라이스 치즈 1장
슬라이스 토마토 1쪽
바질 페스토 · 치즈 소스
1큰술씩
식초 ¼컵

바질 페스토와 치즈 소스는
p.22 참조.

01 잉글리시 머핀은 반 갈라 자르고 오븐 팬에 올려 180℃로 예열한 오븐에
5분간 굽는다.

02 베이컨은 그릴 팬 위에 올려 앞뒤로 그릴 자국을 내가며 노릇하게 굽는다.

03 끓는 물에 분량의 식초를 넣고 달걀을 깨뜨려 노른자가 깨지지 않게
조심스럽게 넣어 익힌다. 달걀흰자만 다 익으면 꺼내서 찬물에 넣어 식힌다.
한김 식은 수란은 조심스럽게 건져낸다.

04 구운 잉글리시 머핀 1쪽에만 한 면에 바질 페스토를 골고루 펴 바른다.

05 ④ 위에 고다 슬라이스 치즈와 슬라이스 토마토를 올리고 구운 베이컨을 올린다.

06 베이컨 위에 수란이 터지지 않게 올린 뒤 위에 치즈 소스를 올리고
나머지 잉글리시 머핀 1쪽을 덮는다.

> **TIP**
> – 수란을 만들 때는 끓는 물에 식초를 넣어야 달걀흰자가 빨리 응고돼 노른자가 깨지지 않는
> 예쁜 수란을 만들 수 있다. 달걀흰자만 다 익으면 꺼내서 재빨리 찬물에 식혀야
> 표면이 빨리 굳고 노른자가 익는 것을 막을 수 있다.

● 수란 바질 페스토 샌드위치 만드는 법

잉글리시 머핀은 반 잘라 오븐에 굽는다.

그릴 팬에 베이컨을 올려 굽는다.

달걀흰자가 익으면 꺼내서 찬물에 넣어 식힌 뒤 뺀다.

구운 잉글리시 머핀 1쪽에만 한 면에
바질 페스토를 바른다.

끓는 물에 식초를 넣고 달걀을 깨뜨려 조심스럽게 넣어 익힌다.

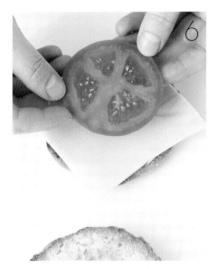

고다 슬라이스 치즈를 얹고 얇게 썬 토마토를 얹는다.

토마토 위에 구운 베이컨과 수란을 얹는다.

수란 위에 치즈 소스를 얹고 나머지 잉글리시 머핀 1쪽을 올린다.

햄치즈 롤 꼬치

식빵 위에 햄과 치즈를 얹고 돌돌 말아 빵가루를 입힌 뒤 기름에 튀기는 이색 샌드위치.
아이들 입맛에 잘 맞아 간식 메뉴로 인기 만점이다. 샌드위치에 꼬치를 꽂아 마치 핫도그처럼 준비하면
재미도 있고, 손에 기름을 묻히지 않고 편하게 먹을 수 있다.

식빵 2장
슬라이스 햄 4장
체다 슬라이스 치즈 2장
달걀물 1개 분량
빵가루 ½컵
소금 약간
튀김 기름 적당량

01 식빵은 가장자리를 자르고 밀대로 납작하게 민다.

02 식빵에 2~3cm 정도 여분을 남기고 햄과 체다 슬라이스 치즈, 햄
순으로 1장씩 올린다.

03 식빵의 2~3cm 정도 남긴 부분을 위쪽으로 두고 식빵을 돌돌 만다.

04 ③의 롤 샌드위치를 쿠킹 랩으로 단단히 감싸고 잠시 그대로 둬
둥근 막대 모양이 되게 고정한다.

05 ④의 롤 샌드위치는 쿠킹 랩을 풀고 달걀물과 빵가루 순으로 튀김옷을 입힌다.

06 170℃의 튀김 기름에 롤 샌드위치를 넣고 굴려가며 겉이 노릇하게 될 때까지
바삭하게 튀겨낸 다음 기름 망에 올려 기름을 뺀다.

07 샌드위치 끝에 꼬치를 꽂는다.

TIP
– 햄과 치즈를 가운데 얹어 돌돌 말면 재료가 밀려 식빵 밖으로 삐져나오므로 식빵에 여분을
남기고 재료를 얹어 돌돌 마는 것이 좋다.
– 돌돌 만 샌드위치는 쿠킹 랩으로 고정하지 않고 바로 튀기면 풀어질 수 있으니 랩으로
감싸 잠시 둔다.
– 튀김 기름의 온도가 제대로 오르지 않은 상태에서 샌드위치를 튀기면 빵가루와
빵에 기름이 많이 흡수돼 기름기가 많아지므로 튀김 기름은 알맞은 온도에 튀겨야 한다.
튀김 기름에 빵가루를 넣어 바로 떠오를 때의 온도가 적당하다.

● 햄치즈 롤 꼬치 만드는 법

식빵은 가장자리를 자르고 밀대로 납작하게 민다.

식빵 1쪽에 여분을 두고 햄, 치즈, 햄 순으로 소를 올린다.

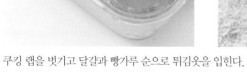

쿠킹 랩을 벗기고 달걀과 빵가루 순으로 튀김옷을 입힌다.

170℃의 튀김 기름에 샌드위치를 넣어 노릇하게 튀긴다.

식빵의 간격을 둔 쪽으로 위로 두고 돌돌 만 뒤 쿠킹 랩으로 감싸 잠시 둔다.

샌드위치 끝에 꼬치를 끼운다.

나초 치즈 샌드위치

여러 가지 치즈를 듬뿍 올려 고소하지만 1개 이상 먹으면 느끼할 수 있다. 중간중간 바삭하게 씹히는
나초의 식감과 나초 특유의 담백하고 고소한 맛은 치즈와 잘 어우러진다. 간혹 느끼한 음식이 먹고 싶을 때
안성맞춤인 샌드위치. 생과일주스와 함께 먹으면 브런치 메뉴로 제격이다.

베이글 1개
체다 슬라이스 치즈 1장
나초 6개
슈레드 모차렐라 치즈·
치즈 소스 3큰술씩

 소스는 p.22 참조.

01 베이글은 가로로 반 자른다.

02 베이글 1쪽의 자른 면 위에 체다 슬라이스 치즈를 올린다.

03 나초를 잘게 부순 뒤 반 분량만 체다 슬라이스 치즈 위에 올린다.

04 오븐 용기에 ③을 담고 나머지 베이글 1쪽을 자른 면이 위로 가게 올린다.

05 베이글 위에 치즈 소스를 올리고 나머지 나초를 뿌린다.

06 ⑤ 위에 슈레드 모차렐라 치즈를 뿌리고 200℃로 예열한 오븐에 넣어
8~10분 정도 굽는다.

▶ TIP
– 치즈가 많이 들어가는 샌드위치이므로 베이글처럼 두툼한 빵을 활용하는 게 좋다.

– 치즈가 굳기 전에 먹어야 맛있으니 먹기 직전에 굽는다.

– 과일이나 상큼한 과일 드레싱을 뿌린 샐러드와 곁들이면 브런치 메뉴로 좋다.

● 나초 치즈 샌드위치 만드는 법

베이글은 가로로 반 자른다.

베이글 자른 단면 위에 체다 슬라이스 치즈를 올린다.

나초를 잘게 부순다.

치즈 소스 위에 나머지 나초를 뿌린다.

나초 위에 슈레드 모차렐라 치즈를 뿌린다.

치즈 위에 나초를 분량의 반만 뿌린다.

나머지 베이글을 자른 면이 위로 가게
올린다.

베이글을 오븐 용기에 올리고 베이글 위에
치즈 소스를 뿌린다.

200℃의 오븐에 넣고 8~10분간 굽는다.

치즈 튀김 샌드위치

식빵 사이에 생 모차렐라 치즈를 넣고 튀김옷을 입혀 기름에 튀긴 '카로차carrozza'라고 하는 이탈리아식 샌드위치다.
몬테크리스토 샌드위치와 비슷하지만 햄이 들어가지 않아 한결 가볍고 부드럽게 먹을 수 있다.

식빵 2장
생 모차렐라 치즈 50g
우유 ¼컵
달걀물 1개 분량
밀가루(박력분) 적당량
소금 · 후춧가루 ·
슈거파우더 약간씩
튀김 기름 적당량

01 식빵은 테두리를 잘라낸다.

02 생 모차렐라 치즈는 1cm 두께로 자른다.

03 식빵 위에 생 모차렐라 치즈 2쪽을 올리고 소금과 후춧가루를
약간씩 뿌려 밑간한다.

04 ③ 위에 나머지 식빵 1장을 덮고 치즈와 치즈 사이를 경계로 반 자른다.

05 ④의 샌드위치는 우유, 밀가루, 달걀물 순으로 튀김옷을 입힌다.

06 튀김 기름은 식빵이 반쯤 잠길 정도로 준비해 160℃로 온도를 올린 뒤
튀김옷을 입힌 샌드위치를 넣어 튀긴다.

07 샌드위치를 뒤집어가며 앞뒤로 노릇하게 튀긴 뒤 기름망 위에 올려 1분 정도
기름을 뺀다.

08 샌드위치를 어슷하게 반 잘라 접시에 담고 슈거파우더를 솔솔 뿌린다.

TIP

– 샌드위치를 튀겨내 기름망 위에서 1분 정도 그대로 두면 기름이 빠지고 열기에 의해
치즈가 부드럽게 녹는다.

– 베리류의 잼과 함께 곁들여 먹으면 맛있다.

● 치즈 튀김 샌드위치 만드는 법

식빵은 테두리를 잘라낸다.

생 모차렐라 치즈는 1cm 두께로 자른다.

식빵 위에 치즈를 얹고 소금과 후춧가루로
밑간한 뒤 나머지 식빵을 덮는다.

샌드위치가 반쯤 잠길 정도의 160℃ 튀김 기름에 샌드위치를 넣고 튀겨낸다.

샌드위치를 반 자르고 우유, 밀가루, 달걀물 순으로 튀김옷을 입힌다.

샌드위치를 기름망 위에 올려 1분 정도 그대로 둔다.

튀긴 샌드위치는 어슷하게 반 자른다.

샌드위치 위에 슈거파우더를 뿌린다.

데리야키 치킨 샌드위치

간장을 베이스로 한 양념에 조린 닭고기에 양파와 치즈를 곁들인 샌드위치. 누구나 부담 없이 즐길 수 있는
맛이라 가족이 함께하는 자리에 잘 어울린다. 한 끼 식사로도 든든히 배를 채울 수 있어 점심 도시락이나 저녁 메뉴로 좋고,
맥주와 잘 어울려 저녁식사 겸 이야기를 나누는 자리에도 좋다.

핫도그 빵 1개
닭다리 살 1장
양파 ½개
양상추 잎(작은 것) 2장
고다 슬라이스 치즈 1장
쪽파 1뿌리
식용유 약간

닭고기 양념
간장 · 맛술 ½큰술
설탕 1작은술
다진 생강 약간

01 양파는 둥근 모양으로 슬라이스한 뒤 찬물에 잠시 담가 매운맛을 뺀다.

02 닭다리 살은 칼을 옆으로 뉘어 두꺼운 부분을 저며 가며 얇게 편다.

03 팬에 식용유를 둘러 달군 뒤 닭다리 살을 얹어 앞뒤로 노릇하게 굽는다.

04 닭고기를 굽는 동안 다른 팬에 닭고기 양념을 한꺼번에 넣고 중불에서
농도가 약간 짙어질 정도로 자글자글 졸인다.

05 닭고기가 90% 정도 익으면 ④의 팬에 넣고 양념이 배도록 앞뒤로
뒤집어가며 조린다.

06 핫도그 빵은 깊숙하게 칼집을 넣어 반 가르고 양상추 잎을 올린 뒤 그 위에
양념에 조린 닭고기를 올린다.

07 닭고기 위에 고다 슬라이스 치즈를 잘라 얹고 치즈 위에 ①의 양파를
물기를 없애 올린다.

08 양파 위에 쪽파를 송송 썰어 얹은 뒤 핫도그 빵을 오므린다.

> TIP

– 닭고기를 구울 때 껍질을 먼저 구우면 껍질이 쪼그라들어 고기가 휘어지니 살 쪽을
먼저 구운 뒤 껍질 쪽을 굽는다.
– 닭고기를 오래 조리면 짠맛이 강해지니 주의한다.

● 데리야키 치킨 샌드위치 만드는 법

양파는 둥글게 썬 뒤 찬물에 담가 매운맛을
뺀다.

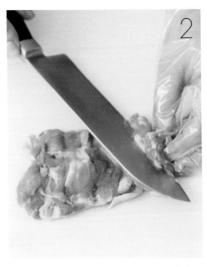

닭다리 살은 두꺼운 부분을 저며 가며 편다.

기름을 두른 달군 팬에 닭고기를 올려
노릇하게 굽는다.

핫도그 빵은 칼집을 깊숙이 넣어 반으로
가른다.

핫도그 빵 위에 양상추 잎을 깔고 위에
닭고기를 올린다.

닭고기 위에 고다 슬라이스 치즈를 올린다.

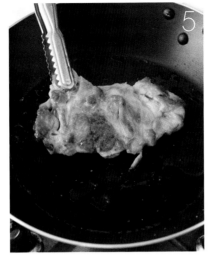

닭고기 양념을 팬에 넣어 자글자글 졸인다.

닭고기가 90% 정도 구워지면 양념이 든 팬에 올려 뒤집어가며 조린다.

고다 치즈 위에 링 모양으로 썬 양파를
올린다.

양파 위에 쪽파를 송송 썰어 올린 뒤 빵을
오므린다.

불고기 가지 샌드위치

발사믹 양파 스테이크 샌드위치

불고기 가지 샌드위치

불고기 양념으로 맛을 낸 고기 위에 구운 가지와 파인애플, 양파를 얹고 그뤼예르 치즈를 얹은
샌드위치로 든든한 한 끼가 된다. 토마토 파스타와 잘 어울리는 메뉴로 손님 초대상이나 특별한 날 분위기를
내고 싶은 저녁상에 파스타와 함께 올려본다.

치아바타 1개
쇠고기(불고깃감) 150g
통조림 파인애플 2쪽
가지 1/3개
양파 1/8개(슬라이스 2쪽)
로메인 1장
그뤼예르 치즈 ·
마요네즈 · 식용유
약간씩

쇠고기 양념
간장 1큰술
설탕 · 다진 마늘
1/2 작은술씩
다진 파 약간

01 쇠고기는 불고깃감(설도)으로 준비해 분량의 양념에 조물조물 양념한 뒤
30분 정도 재운다.

02 양파는 둥근 모양으로 슬라이스한 뒤 찬물에 담가 매운맛을 뺀다.

03 가지는 0.5cm 두께로 어슷 썬다.

04 그릴 팬을 달군 뒤 식용유를 약간 바르고 가지와 파인애플을 함께 올려 앞뒤로
그릴 자국을 내며 굽는다.

05 달군 팬에 양념한 쇠고기를 올려 고기를 풀어가며 양념이 타지 않게 볶는다.

06 치아바타는 반으로 자르고 자른 면에 마요네즈를 얇게 펴 바른다.

07 치아바타 위에 로메인을 깔고 그 위에 불고기를 올린다.

08 불고기 위에 그뤼예르 치즈를 갈아 얹고 구운 가지와 파인애플을 올린다.

09 파인애플 위에 링 모양으로 썬 양파의 물기를 없애 올리고 치아바타 1쪽을 덮는다.

TIP
– 가지와 파인애플은 밋밋한 팬에 굽는 것보다 그릴 팬에 구워 그릴 자국을 내면
한결 먹음직스러워 보인다.

– 양파가 맵지 않을 때는 물에 담가 매운맛을 빼지 않고 그대로 사용한다.

– 그뤼예르 치즈가 없을 때는 모차렐라 치즈로 대신한다. 모차렐라 치즈를 사용할 때는
오븐에 샌드위치를 넣어 치즈를 녹인다.

– 샌드위치에 넣을 불고기는 일반 불고기보다 양념을 세게 해야 샌드위치의 간이 맞는다.

발사믹 양파 스테이크 샌드위치

editor's pick

스테이크를 바게트 사이에 올리고 발사믹 식초에 새콤달콤하게 조린 양파를 곁들여 먹는 샌드위치.
샌드위치에 가벼운 샐러드와 와인을 곁들여 먹으면 근사한 한 끼가 된다.

바게트 15cm
쇠고기(채끝 등심
스테이크감) 2쪽
양파 ½개
에담 슬라이스 치즈 ·
로메인 1장씩
씨겨자 마요네즈 3큰술
마요네즈 1큰술

발사믹 양파 양념
발사믹 식초 ¼컵
설탕 ½작은술
물 적당량

씨겨자 마요네즈는 p.20 참조.

01 쇠고기는 소금과 후춧가루를 뿌려 밑간한다.

02 양파는 둥글게 슬라이스해서 냄비나 팬에 담고 분량의 발사믹 식초를
부은 뒤 양파가 자작하게 잠길 정도로 물을 부어 끓인다.
한 번 끓어오르면 중불로 줄여 양파를 조린다.

03 ①의 쇠고기는 그릴 팬에 올리고 반쯤 익으면 뒤집어 굽는다. 거의 익을 때쯤
다시 한 번 뒤집어 바둑판 모양이 되게 그릴 자국을 낸다.

04 ②의 양파가 짙은 브라운색이 될 때까지 바특하게 조린 후 마지막에
설탕을 섞고 한소끔 끓이듯 조린다.

05 바게트에 깊숙하게 칼집을 넣어 벌린 뒤 자른 면에 씨겨자 마요네즈를 펴 바르고
한 면에 로메인을 깐다.

06 로메인 위에 구운 쇠고기를 올리고 그 위에 에담 슬라이스 치즈를 잘라 올린다.

07 치즈 위에 양파 조림을 듬뿍 얹은 뒤 바게트를 살짝 오므리고 속 재료 위에
마요네즈를 뿌린다.

TIP

– 양파는 센 불에서 조리면 간이 제대로 배지 않고 국물만 바특해지므로 국물이 한소끔
끓어오르면 중불로 줄여 조린다. 발사믹 양파 조림은 스테이크를 먹을 때 곁들여 먹어도 좋다.

– 쇠고기는 1cm 두께의 작은 크기의 스테이크감으로 준비하고, 구울 때는 그릴 팬 위에서
바둑판 모양으로 그릴 자국을 내면 한결 먹음직스러워 보인다.

● 불고기 가지 샌드위치 만드는 법

쇠고기는 불고기 양념에 무쳐 30분 정도 재운다.

양파는 둥글게 썰고 찬물에 담가 매운맛을 뺀다.

치아바타는 반 자른 뒤 마요네즈를 펴 바른다.

치아바타 위에 로메인을 깔고 불고기를 얹는다.

불고기 위에 그뤼에르 치즈를 갈아 얹는다.

가지는 0.5cm 두께로 어슷 썬다.

가지와 파인애플을 그릴 팬 위에 올려
굽는다.

양념한 쇠고기를 달군 팬에 올려 볶는다.

치즈 위에 구운 가지와 파인애플을 얹는다.

파인애플 위에 링 모양으로 썬 양파를
얹는다.

나머지 치아바타 1쪽을 덮는다.

● 발사믹 양파 스테이크 샌드위치 만드는 법

양파는 둥글게 썰어 팬에 담고 분량의 발사믹 식초와 물을 자작하게 부어 조린다.

바게트 안쪽에 씨겨자 마요네즈를 바른다.　　바게트 위에 로메인을 깔고 스테이크를 올린다.

쇠고기는 그릴 팬에 올려 그릴 자국을 내며
굽는다.

양파가 거의 조려지면 설탕을 넣어 섞고
바특하게 조린다.

바게트는 깊숙하게 칼집을 넣어 벌린다.

스테이크 위에 에담 슬라이스 치즈와
양파 조림을 얹는다.

바게트를 오므리고 재료 위에 마요네즈를
뿌린다.

치킨 랩 샌드위치

부드러운 닭 안심을 매콤하게 양념해 튀긴 뒤 양배추 채와 함께 토르티야로 감싸 손에 쥐고 먹는 샌드위치로
매콤한 양념과 아삭한 맛이 좋은 양배추가 튀김에 개운함을 더한다. 포장하기 수월하며
한 손에 들고 먹을 수 있어 간단한 도시락으로 그만이다.

토르티야 2장
닭 안심 4쪽
로메인 2장
양배추 1/10통
허니 머스터드 2큰술
치킨 튀김 가루 4큰술
물 2큰술
튀김 기름 적당량

닭고기 양념
청주 1큰술
고춧가루 2작은술
다진 마늘 1작은술
소금 · 후춧가루 약간씩

01 닭 안심은 닭고기 양념을 넣고 버무려 잠시 재운다.

02 ①에 치킨 튀김 가루와 분량의 물을 넣고 가루가 보이도록 빽빽하게 반죽한다.

03 180℃의 튀김 기름에 ②의 닭 안심을 1쪽씩 넣어가며 속까지 익도록
노릇하게 튀긴 뒤 기름망 위에 올려 기름을 뺀다.

04 양배추용 필러를 이용해 양배추를 가늘게 채 썬다.

05 토르티야 가운데에 허니 머스터드를 뿌리거나 바른 다음 토르티야
끝 부분에 맞춰 로메인을 올린다.

06 로메인 위에 닭고기 튀김을 올리고 허니 머스터드를 뿌린다.

07 치킨 위에 양배추 채를 올린 뒤 토르티야를 반달 모양으로 접고
양쪽을 접어 한 손에 쥐기 편하게 감싼다.

> **TIP**

─ 튀김을 바삭하게 하려면 반죽을 오래 섞지 말고 가루가 보일 정도로 섞는다. 더 바삭한
튀김을 원한다면 튀김옷을 입힌 뒤 다시 튀김 가루를 묻혀 튀긴다.

─ 양배추는 가능한 한 가늘게 채 썰어야 맛있다. 양배추 전용 필러를 사용하거나 채칼을
사용하면 좋다.

─ 아이 간식으로 만들 때는 매운 양념 대신 반죽에 허브 가루를 넣어 튀긴다.

● 치킨 랩 샌드위치 만드는 법

닭 안심에 닭고기 양념을 넣고 버무려 잠시 재운다.

양념한 닭 안심에 치킨 튀김 가루와 물을 넣어 반죽한다.

양배추는 가늘게 채 썬다.

토르티야 가운데에 허니 머스터드를 뿌린다.

토르티야 위에 로메인과 닭고기 튀김을 올린다.

180℃로 달군 튀김 기름에 닭 안심을 하나씩 넣어가며 튀긴다.

닭고기가 노릇해지면 오븐에서 꺼내 기름을 뺀다.

튀김 위에 양배추 채와 허니 머스터드를 뿌린다.

토르티야를 손에 쥐기 편하게 고깔 모양으로 접는다.

돈가스 샌드위치

씨겨자 마요네즈를 바른 빵 사이에 돈가스를 올려 색다르게 즐기는 샌드위치. 든든하게 한 끼를 채울 수 있을 뿐 아니라 양배추 채를 듬뿍 올리면 영양 면에서도 균형 잡힌 식사가 된다.

곡물 빵 2장
돼지고기(등심) 1장
양배추 1/10통
양상추 잎 1장
씨겨자 마요네즈 2큰술
시판 돈가스 소스·
화이트 와인·소금·
후춧가루 약간씩
달걀물 1개 분량
밀가루·빵가루·
튀김 기름 적당량씩

씨겨자 마요네즈는
p.20 참조.

01 양배추는 가늘게 채 썰어 싱싱하게 찬물에 담가둔다.

02 돼지고기는 돈가스용 등심으로 준비해 화이트 와인과 소금, 후춧가루를 뿌려 밑간한다.

03 돼지고기에 밀가루를 가볍게 묻히고 달걀물과 빵가루 순으로 튀김옷을 입힌다.

04 180℃의 튀김 기름에 ③의 돼지고기를 속까지 익도록 노릇하고 바삭하게 튀겨내고 기름망에 얹어 여분의 기름을 뺀다.

05 곡물 빵 한 면에 씨겨자 마요네즈를 펴 바른 뒤 양배추 채의 물기를 없애 올린다.

06 양배추 위에 돈가스를 올리고 돈가스 소스를 뿌린다.

07 돈가스 위에 양상추 잎을 올리고 나머지 곡물 빵을 덮는다.

> **TIP**

– 돼지고기는 두툼한 등심으로 준비해야 샌드위치 하나만으로도 든든한 한 끼가 된다.

– 양배추는 채 썰어 찬물에 담가두면 훨씬 아삭하게 먹을 수 있다. 샌드위치에 올리기 전 키친타월로 물기를 제거한다.

– 돼지고기에 튀김옷을 입힐 때 밀가루는 달걀물을 잘 묻게 하는 접착제 역할을 하므로 가볍게 입혀야 튀김 맛이 텁텁하지 않다. 밀가루를 묻힌 뒤 한 번 털어낸다.

– 돈가스는 시판용으로 조리해도 된다.

● 돈가스 샌드위치 만드는 법

양배추는 가늘게 채 썰어 찬물에 담가둔다.

돼지고기는 화이트 와인, 소금, 후춧가루로 밑간한다.

돼지고기에 밀가루, 달걀물, 빵가루 순으로 튀김옷을 입힌다.

튀김옷이 노릇노릇해지면 기름망에 건져 기름을 뺀다.

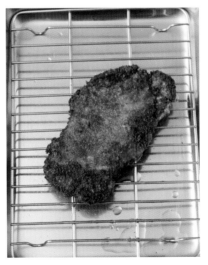

곡물 빵에 씨겨자 마요네즈를 퍼 바른다.

튀김옷을 입힌 돼지고기는 180℃의 기름에
튀긴다.

곡물 빵에 물기를 없앤 양배추 채를 올린다.

돈가스를 올리고 돈가스 소스를 뿌린다.

양상추를 얹고 곡물 빵을 덮는다.

03

차게 먹는
샌드위치

냉장고 속에 늘 있는 재료를 활용해 바로
만들어 먹을 수 있는 샌드위치만 모았다.
재료 한두 개만으로도 뚝딱 만들 수 있고,
음료와 곁들이면 가벼운 한 끼 식사로도
손색없다. 샐러드와 곁들이면 세련된 브런
치, 그대로 포장하면 간편 도시락, 아이도
좋아하는 영양 만점 간식으로 두루 활용할
수 있다.

라즈베리 마스카포네 샌드위치

메이플 크림치즈 샌드위치

라즈베리 마스카포네 샌드위치

식빵 3장
생크림 100㎖
마스카포네 치즈
1½큰술
라즈베리잼 1큰술
설탕 1작은술
소금 약간

01 생크림은 차게 두었다가 설탕을 섞고 거품기나 휘핑기로 거품을 단단하게 올린다.

02 마스카포네 치즈에 라즈베리잼 ½큰술을 섞고 소금을 아주 약간만 넣어
베리 치즈를 만든다.

03 식빵은 테두리를 잘라낸다.

04 식빵 1장에만 남은 라즈베리잼을 바르고 그 위에 ①의 생크림을 적당량 올린다.

05 생크림 위에 식빵 1장을 덮고 그 위에 ②의 베리 치즈를 바른 뒤 나머지 식빵을 덮는다.

> **TIP**

– 생크림은 적은 분량으로 거품을 내면 크림이 단단해지지 않는다. 거품을 올리고 남은
크림은 샌드위치에 덧발라 먹거나, 빵을 찍거나, 음료에 섞어 먹어도 맛있다.

– 마스카포네 치즈에 잼을 섞을 때 소금을 약간 넣으면 풍미가 한층 좋아진다.

메이플 크림치즈 샌드위치

베이글 1개
크림치즈 5큰술
메이플 시럽 ⅔큰술
견과류 · 마른 크랜베리
적당량씩

01 베이글은 납작하게 반 잘라 180℃ 오븐에 5분간 굽는다.

02 크림치즈에 메이플 시럽을 부어 섞는다.

03 견과류는 기호에 따라 준비한 뒤 잘게 썰고, 마른 크랜베리도 잘게 썬다.

04 구운 베이글 1쪽에 ②의 메이플 크림치즈를 듬뿍 올리고 그 위에 견과와
크랜베리를 뿌린 뒤 나머지 베이글 반쪽을 덮는다.

> **TIP**

– 견과류는 기호에 따라 아몬드, 땅콩, 캐슈너트 등으로 다양하게 준비하는데, 메이플
크림치즈에는 호두가 특히 잘 어울린다.

– 오븐이 없다면 기름 두르지 않은 달군 팬에 노릇하게 베이글을 굽는다.

– 크랜베리 대신 건포도를 넣거나 말린 무화과나 살구 등을 잘게 다져 섞어도 된다.

● 라즈베리 마스카포네 샌드위치 만드는 법

생크림은 설탕을 섞고 휘핑기로 거품을
단단히 올린다.

마스카포네 치즈에 라즈베리잼 1/2큰술을
섞고 소금을 약간 섞는다.

식빵 1장에만 나머지 라즈베리잼을
바른다.

잼 위에 생크림을 얹고 식빵을 덮는다.

나머지 식빵에 라즈베리 마스카포네 치즈를 바른 뒤 샌드위치 위에 얹는다.

● 메이플 크림치즈 샌드위치 만드는 법

베이글은 반 잘라 180℃ 오븐에 5분간 굽는다.

크림치즈에 메이플 시럽을 부어 섞는다.

구운 베이글 겉면에 메이플 크림치즈를
바른다.

메이플 크림치즈 위에 견과류와 크랜베리를
다져 올린다.

나머지 베이글 반쪽을 겉면이 아래로 가도록
덮는다.

바나나 초코 롤

아이스크림 샌드위치

바나나 초코 롤

토르티야(지름 20㎝)
1장
바나나 1½개(큰 것 1개)
누텔라 3큰술
슬라이스 아몬드 2큰술

01 토르티야의 ⅔ 정도 넓이에 누텔라를 펴 바른다.

02 슬라이스 아몬드는 다져 ①의 누텔라 위에 뿌린다.

03 바나나가 휘어지지 않게 일자로 편 다음 누텔라를 바른 ⅓ 지점에 올리고
토르티야로 바나나를 감싸며 돌돌 만다.

04 토르티야 끝 부분에 누텔라를 조금 발라 토르티야가 벌어지지 않게 잘 마무리한다.

05 3~4㎝ 길이로 먹기 좋게 자른다.

TIP
– 누텔라는 헤이즐넛이 첨가된 초콜릿 스프레드로 달콤하면서도 고소한 맛이 진하다.
– 바나나는 되도록 무르지 않은 단단한 것을 사용한다.
– 토르티야를 말 때는 김밥 말 듯 단단하게 말아야 토르티야와 바나나가 분리되지 않는다.

아이스크림 샌드위치

모닝롤 1개
바닐라 아이스크림
1스쿱
초콜릿 시럽 약간

01 모닝롤은 가로로 반 잘라 밀대로 납작하게 민다.

02 달군 팬에 모닝롤을 얹고 작은 팬으로 꾹 눌러가며 앞뒤로 노릇하게
구워 꺼내 식힌다.

03 모닝롤이 완전히 식으면 아이스크림을 편평하게 올린 다음 남은 빵으로 덮고
그 위에 초콜릿 시럽을 뿌린다.

TIP
– 모닝롤을 팬에 눌러 굽는 대신 샌드위치 프레스기를 사용하면 더 좋다.
– 모닝롤은 기름이나 버터 없이 구워야 과자처럼 바삭하게 만들 수 있다.
– 모닝롤을 작은 팬으로 눌러 구울 때 빵 위에 유산지를 하나 덮으면 위생적이다.
– 아이스크림은 원하는 것으로 선택하며, 초콜릿 시럽은 아이스크림 위에 뿌리고 빵으로 덮어도 된다.

● 바나나 초코 롤 만드는 법

토르티야의 ⅔ 지점까지 누텔라를 펴 바른다.

슬라이스 아몬드를 다져 누텔라 위에 뿌린다.

누텔라를 바른 ⅓ 지점에 바나나를 올린다.

토르티야로 바나나를 김밥 말 듯 단단히 만다.

누텔라가 접착제 역할을 하게 토르티야 끝 부분에 발라 마무리한다.

바나나를 일자로 편다.

바나나 초코 롤을 먹기 좋게 자른다.

모닝롤을 반 잘라 밀대로 민다.

달군 팬에서 모닝롤을 작은 팬으로 눌러가며 굽는다.

모닝롤이 식으면 아이스크림을 편평하게 듬뿍 올린다.

아이스크림 샌드위치에 초콜릿 시럽을 뿌린다.

단호박 식빵 롤

마요네즈와 삶은 단호박을 섞어 스프레드를 만들어 식빵에 바르고 돌돌 말아 한입 크기로 썰어 먹는 핑거 푸드.
노란 단호박과 하얀 식빵의 조화가 보는 맛까지 더한다. 식감이 부드러워 아이들은 물론 어르신 영양 간식으로도 좋으며,
도시락용이나 파티 푸드로 활용하기도 알맞다.

식빵 4장
단호박 ⅛개
마요네즈 ⅔큰술
설탕 ¼작은술
소금 · 건포도 약간씩

01 단호박은 깨끗이 씻어 4등분 한 뒤 씨를 긁어내고 전자레인지용 스팀백에 담아
7~8분간 조리해 푹 익힌다.

02 익힌 단호박은 숟가락으로 살만 발라 내서 포크로 부드럽게 으깬다.

03 으깬 단호박에 설탕과 마요네즈를 넣어 골고루 섞고, 소금으로 간을 해
한 번 더 섞어 단호박 스프레드를 만든다.

04 식빵은 테두리를 잘라내고 밀대로 납작하게 민다.

05 단호박 스프레드를 식빵 넓이의 ⅔ 지점까지만 펴 바른 뒤 돌돌 만다.

06 단호박 식빵 롤을 쿠킹 랩으로 단단히 감싸 둥근 모양이 유지되도록 잠시 둔다.

07 쿠킹 랩을 벗기고 한입 크기로 자른 뒤 위에 건포도로 장식한다.

> **TIP**
> – 단호박은 김 오른 찜통에 찌는 것보다 전자레인지에서 익히면 시간을 단축할 수 있다.
> – 식빵 롤의 모양을 잡을 때는 쿠킹 랩으로 감싸고 사탕 포장하듯 양 끝을 오므리면
> 모양이 그대로 유지된다.
> – 단호박이 없다면 고구마로 대체할 수 있다. 고구마는 단맛과 수분이 적으니 올리고당이나
> 꿀을 약간 첨가하면 좋다.

● 단호박 식빵 롤 만드는 법

단호박은 4등분 한 뒤 전자레인지용 스팀백에 넣고 전자레인지에서 푹 익힌다.

단호박은 숟가락으로 살만 발라낸다.

식빵은 밀대로 밀어 납작하게 한다.

식빵 위에 여분을 남기고 단호박 스프레드를 바른 뒤 돌돌 만다.

단호박을 볼에 담고 포크로 으깬다.

단호박에 설탕과 마요네즈를 넣어 섞고 마지막에 소금으로 간한다.

단호박 롤을 쿠킹 랩으로 감싸 잠시 둔다.

단호박 롤의 모양이 잡히면 쿠킹 랩을 풀고 먹기 좋게 자른다.

단호박 롤 위에 건포도를 올려 장식한다.

살라미 치즈 샌드위치

베이글 사이에 살라미와 치즈, 양파, 방울토마토를 넣은 담백하면서도 개운한 맛이 좋은 샌드위치.
살라미 특유의 짭짤하지만 기름진 맛이 채소의 상큼함을 더욱 살려준다.

베이글 1개
슬라이스 살라미 5쪽
에담 슬라이스 치즈 1장
방울토마토 6개
붉은 양파 ⅙개
씨겨자 마요네즈 2큰술

씨겨자 마요네즈는
p.20 참조.

01 베이글은 가로로 3등분 해서 180℃ 오븐에 3분간 굽는다.

02 방울토마토는 둥근 모양대로 도톰하게 슬라이스하고, 붉은 양파도 둥글게 썬다.

03 베이글은 3쪽 모두 한 면에 씨겨자 마요네즈를 바른다.

04 베이글 맨 밑 쪽에 살라미를 얹고 그 위에 슬라이스 양파를 얹는다.

05 양파 위에 가운데 베이글을 얹고 에담 슬라이스 치즈를 올린다.

06 치즈 위에 슬라이스한 방울토마토를 올린 다음 나머지 맨 위쪽 베이글을 덮는다.

> **TIP**

– 베이글은 오래 구우면 금방 딱딱해지므로 살짝 굽는 게 좋다.

– 에담 치즈가 없을 때는 고다 치즈를 대신 사용해도 된다.

– 살라미 특유의 맛이 부담스럽다면 슬라이스 햄으로 대신해도 된다.

● 살라미 치즈 샌드위치 만드는 법

베이글은 가로로 3등분 해서 오븐에 살짝 굽는다.

방울토마토는 도톰하게 썬다.

살라미 위에 양파를 얹는다.

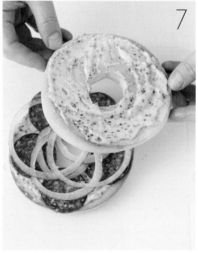

양파 위에 베이글 1쪽을 올린다.

베이글 위에 에담 슬라이스 치즈를 올린다.

붉은 양파는 둥근 모양으로 썬다.

베이글은 3쪽 모두 한 면에 씨겨자 마요네즈를 바른다.

베이글 위에 슬라이스 살라미를 얹는다.

치즈 위에 방울토마토를 올린다.

토마토 위에 나머지 베이글을 덮는다.

달걀 참치 샌드위치

달걀 참치 샌드위치

두 가지 맛의 스프레드를 1장의 식빵에 올려 한꺼번에 즐길 수 있는 별미 샌드위치.
스프레드 주재료인 달걀과 참치 외에 채소까지 풍성하게 먹을 수 있어 맛과 영양을 골고루 챙길 수 있는
한 끼 식사로 충분하다.

식빵 4장
막대 모양으로 썬 오이
1조각(식빵 대각선 길이)
마요네즈 2큰술

달걀 스프레드
달걀 1개
오이 1/8개
양파 1/8개
마요네즈 2큰술
설탕 1/3작은술
소금 · 후춧가루 약간씩

참치 스프레드
통조림 참치 1캔
양파 1/8개
허니 머스터드 1큰술
마요네즈 1작은술

01 달걀은 완숙으로 삶아 찬물에 식혀서 껍질을 벗기고 곱게 다진다.

02 달걀 스프레드 재료의 오이는 반 갈라 얇게 썰고, 양파는 곱게 채 썬 뒤
함께 소금을 약간 넣어 절였다가 물기를 꼭 짠다.

03 준비한 달걀, 오이, 양파를 볼에 담고 마요네즈와 설탕, 소금, 후춧가루를 넣고 섞어
달걀 스프레드를 완성한다.

04 참치 스프레드 재료의 통조림 참치는 기름을 빼 볼에 담아 으깨고,
양파는 채 썬 뒤 곱게 다진다.

05 ④의 참치와 양파, 허니 머스터드, 마요네즈를 넣고 잘 섞어 참치 스프레드를 완성한다.

06 식빵은 테두리를 잘라낸다.

07 식빵 위에 막대 모양으로 썰어둔 오이를 대각선으로 올리고 반은 달걀 스프레드,
반은 참치 스프레드를 올린다.

08 나머지 식빵 1장을 덮고 오이의 반대 대각선 방향으로 식빵을 자른다.

▶TIP

– 달걀 스프레드를 만들 때 오이와 양파를 절여서 물기를 꼭 짜야 스프레드에 물이 생기지 않는다.
오이와 양파가 너무 짜게 절여졌을 때는 물에 헹군 뒤 물기를 짠다.

● 달걀 참치 샌드위치 만드는 법

식빵은 모두 테두리를 잘라낸다.

식빵 위에 대각선으로 오이를 얹는다.

오이를 경계로 반은 달걀 스프레드, 반은
참치 스프레드를 얹는다.

식빵 1장을 덮고 오이의 반대 대각선 방향으로 샌드위치를 자른다.

● 달걀 스프레드 만드는 법

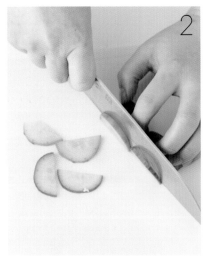

달걀은 완숙으로 삶아 곱게 다진다.

오이는 반 갈라 얇게 썰고, 양파는 곱게 채 썬다.

오이와 양파를 소금에 절였다 물기를 꼭 짠다.

달걀과 오이, 양파, 마요네즈, 설탕, 소금, 후춧가루를 한데 넣고 잘 섞는다.

● 참치 스프레드 만드는 법

양파는 채 썬 뒤 곱게 다진다.

참치는 기름을 빼고 볼에 담아 으깬다.

으깬 참치에 양파를 넣어 잘 섞는다.

참치에 허니 머스터드와 마요네즈를 넣고 잘 섞어 참치 스프레드를 완성한다.

감자 샐러드 샌드위치

editor's pick

으깬 감자에 오이와 양파, 햄을 섞어 소를 만들어 식빵 사이에 넣어 먹는 부드러운 맛의 샌드위치.
속 재료를 듬뿍 넣어야 맛있는데, 먹을 때 빠져 흐를 수 있으니 테두리를 샌드위치 메이커로 눌러
큼직한 만두처럼 만들어 먹기 좋게 했다.

식빵 4장
감자 1개
슬라이스 햄 1장
오이 1/4개
양파 1/8개
마요네즈 1큰술
버터 1/3큰술
소금 · 후춧가루 약간씩

01 오이는 반 갈라 얇게 썰고, 양파는 채 썬 뒤 오이와 함께 소금을 약간 넣어 절인다.

02 감자는 깨끗이 씻어 껍질째 스팀백에 넣고 전자레인지에서 7분 정도 조리해 익힌다.

03 슬라이스 햄은 반 잘라 0.7cm폭으로 자른다.

04 오이와 양파가 절여지면 물기를 꼭 짠 뒤 키친타월에 올려 수분을 한 번 더 제거한다.

05 감자가 익으면 젖은 면포에 올려 껍질을 벗기고 뜨거울 때 으깬다. 버터를 넣어
    섞은 뒤 소금과 후춧가루로 간을 맞춘다.

06 으깬 감자가 따뜻할 때 햄, 절인 오이와 양파, 마요네즈를 넣어 고루 섞는다.

07 식빵 가운데 ⑥의 소를 소복하게 올리고 다른 식빵 1장을 올린 뒤 샌드위치
    메이커를 이용해 식빵 2장을 붙여 모양을 낸다.

TIP

– 감자는 뜨거울 때 잘 으깨진다.

– 양파는 감자가 뜨거울 때 넣고 섞어야 매운맛을 없앨 수 있다.

– 소를 넉넉히 만들어 냉장고에 두면 2~3일 정도 보관이 가능하다.

– 단맛을 좋아하면 소를 만들 때 꿀이나 올리고당을 약간 넣는다.

● 감자 샐러드 샌드위치 만드는 법

1

오이는 반 갈라 얇게 썬다.

2

양파는 채 썬다.

3

오이와 양파는 한데 담아 소금에 절인다.

7

익은 감자는 껍질을 벗기고 뜨거울 때 버터를 넣어 으깨고 소금으로 간한다.

8

으깬 감자에 오이와 양파, 햄을 넣어 섞는다.

감자는 스팀백에 담아 전자레인지에서
7분 정도 조리해 푹 익힌다.

햄은 반 잘라 굵직하게 채 썬다.

오이와 양파가 절여지면 물기를 꼭 짠다.

식빵 가운데 소를 소복하게 올리고 다른 식빵을 덮은 뒤 샌드위치 메이커로 모양을 만든다.

새우 씨겨자 오픈 샌드위치

새우와 씨겨자로 독특한 맛을 낸 북유럽식 오픈 샌드위치로 '토스카겐toskagen'이라 불린다. 새우와 함께 잘게 썬 셀러리,
사과, 양파가 많이 들어가 저지방 저칼로리라 다이어트할 때도 부담 없이 먹을 수 있는 메뉴다.

식빵 2장
냉동 새우살(작은 것)
14~16개
사과 ¼개
양파 ⅙개
셀러리 5cm
잎 채소 1장
마요네즈 1½큰술
씨겨자 ¼작은술
청주 · 소금 · 후춧가루
약간씩

01 냉동 새우는 소금물에 흔들어 씻고 끓는 물에 청주를 약간 넣고
삶아 물기를 뺀다.

02 사과는 깨끗이 씻어 껍질째 곱게 채 썬다.

03 양파, 셀러리는 각각 곱게 채 썬 뒤 잘게 썬다.

04 볼에 사과, 양파, 셀러리, 마요네즈, 씨겨자를 모두 넣고 소금과 후춧가루를
약간 뿌려 섞다가 삶은 새우를 넣고 마저 버무린다.

05 식빵은 표면이 바삭바삭하도록 토스트한 뒤 테두리를 잘라낸다.

06 식빵 1장을 깔고 그 위에 잎 채소를 깐 다음 ④의 새우 샐러드를
소복하게 올린다.

07 식빵 1장은 대각선으로 잘라 ⑤의 식빵 옆에 두고 새우 샐러드를 조금씩 얹어 먹는다.

> **TIP**

– 사과와 채소는 굵게 썰면 재료가 잘 어우러지지 않으므로 잘게 썰어야 한다.

– 달걀을 완숙으로 삶아 다져넣으면 한 끼 식사로도 충분히 든든하고 영양도 보충할 수 있다.

– 식빵에 새우 샐러드를 한 입 정도 덜어서 올려가며 먹는다.

● 새우 씨겨자 오픈 샌드위치 만드는 법

냉동 새우는 끓는 물에 청주를 넣어 삶아낸다.

사과와 양파, 셀러리는 각각 아주 잘게 썬다.

식빵은 바삭하게 토스트한 뒤 테두리를 잘라낸다.

식빵 1장만 대각선으로 자른다.

볼에 사과와 양파, 셀러리, 마요네즈, 씨겨자를
넣고 소금과 후춧가루로 간해 버무린다.

삶은 새우를 넣고 마저 버무린다.

식빵에 잎 채소를 깔고 그 위에 새우 샐러드를 듬뿍 올린다.

삼각형으로 자른 식빵을 곁들여 낸다.

지중해식 올리브 치즈 샌드위치

페타 치즈, 올리브, 방울토마토를 올리브 오일과 씨겨사 등으로 버무려 지중해의 맛과 향이 느껴지는 상큼한 샌드위치.
햄과 치즈, 달걀, 채소 등을 조합한 일반적인 샌드위치가 식상할 때 도전해볼 만한 메뉴.

피타 빵 1개
페타 치즈 8개
방울토마토 4개
블랙 올리브 3개
양파 1/8개
겨자 잎 2장
마요네즈 2큰술

드레싱
올리브 오일 2큰술
레몬즙 1큰술
씨겨자 1작은술
소금 · 후춧가루 약간씩

01 페타 치즈는 통에서 꺼내 체에 올려 기름기를 뺀다.

02 방울토마토는 꼭지를 떼고 세로로 4등분 하고, 블랙 올리브는
둥글게 슬라이스한다. 양파는 아주 잘게 썬다.

03 볼에 ①~②의 재료를 모두 담고 드레싱 재료를 모두 넣어 잘 섞이도록
고루 버무린다. 냉장고에 30분 정도 두어 맛이 어우러지게 한다.

04 피타 빵은 200℃의 오븐에서 3분 정도 구운 뒤 반 잘라 가운데를 벌리고
안쪽에 마요네즈를 고루 펴 바른다.

05 ④의 안에 겨자 잎을 넣고 ③을 적당히 채워 넣는다.

◀ TIP

– 드레싱에 버무린 속 재료는 섞어서 냉장실에서 30분 이상 두어야 여러 가지 재료와
드레싱의 맛이 잘 어우러진다.

– 피타 빵은 오븐 대신 기름 없는 팬에 살짝 구워도 된다.

– 피타 빵은 찢어지기 쉬우니 속을 채울 때 조심히 다룬다.

– 피타 빵을 구하기 어렵다면 치아바타나 토르티야를 구워 소를 올려도 잘 어울린다.

● 지중해식 올리브 치즈 샌드위치 만드는 법

페타 치즈는 체에 올려 기름을 뺀다.

방울토마토는 4등분 하고, 올리브는 슬라이스한다.

피타 빵은 200℃의 오븐에서 3분 정도 굽는다.

구운 피타 빵은 반 잘라 벌리고 안쪽에 마요네즈를 고루 바른다.

양파는 잘게 썬다.

페타 치즈와 채소, 드레싱 재료를 고루 섞는다.

피타 빵은 안에 겨자 잎을 넣고 소를 채워 넣는다.

카프레제 샌드위치

방울토마토 샌드위치

방울토마토 샌드위치

허브 포카치아(10×15cm) 1개
방울토마토 6개
어린잎 채소 1줌
파르메산 치즈 가루 2큰술
슈거버터 1큰술씩

드레싱
올리브 오일 2큰술
발사믹 식초 1큰술
소금 약간

슈거버터는 p.20 참조.

01 방울토마토는 빨강, 주황 2가지 색으로 준비해 꼭지를 떼고
세로로 2등분한다.

02 볼에 방울토마토와 어린잎 채소를 넣고 드레싱 재료를 모두 넣어 버무린다.

03 허브 포카치아는 두께를 반 잘라 자른 면에 슈거버터를 펴 바른다.

04 포카치아 위에 방울토마토 샐러드를 올린 뒤 파르메산 치즈 가루를
뿌리고 나머지 포카치아 반쪽을 덮는다.

> TIP
- 오픈 샌드위치는 칼로 잘라 먹어도 된다.
- 똑같은 재료지만 빵을 작게 잘라 구워 모두 함께 버무리면 색다른 샐러드로 즐길 수 있다.

카프레제 샌드위치

올리브 포카치아
(10×15cm) 1개
생 모차렐라 치즈 1/2개
슬라이스 토마토 2쪽
바질 잎 2장
바질 페스토 2큰술
발사믹 글레이즈 적당량

바질 페스토는 p.22 참조.

01 올리브 포카치아는 반 자르고 자른 면에 바질 페스토를 바른다.

02 생 모차렐라 치즈는 0.5cm 두께로 슬라이스한다.

03 포카치아 한 면에 생 모차렐라 치즈와 슬라이스 토마토를 번갈아 올린다.

04 모차렐라 치즈 위에 바질 잎을 올리고 발사믹 글레이즈를 뿌린 뒤
나머지 포카치아 반쪽을 덮는다.

> TIP
- 바질 페스토와 발사믹 글레이즈는 수입 식품 코너에 가면 쉽게 구할 수 있다.
- 포카치아는 올리브 외에 허브나 플레인 포카치아로 만들어 먹어도 맛있다.

● 방울토마토 샌드위치 만드는 법

방울토마토는 세로로 반 자른다.

방울토마토와 어린 잎 채소, 드레싱 재료를 잘 섞는다.

포카치아를 반 잘라 슈거버터를 바른다.

포카치아 위에 토마토 샐러드를 올린다.

파르메산 치즈를 올리고 포카치아를 덮는다.

● 카프레제 샌드위치 만드는 법

포카치아는 반 잘라 바질 페스토를 펴 바른다.

포카치아 위에 생 모차렐라 치즈와 토마토
슬라이스를 번갈아 올린다.

치즈 위에 바질 잎을 올린다.

발사믹 글레이즈를 뿌리고 포카치아를 덮는다.

수란 새우 샌드위치

수란과 파르메산 치즈를 듬뿍 넣은 부드러운 드레싱에 새우를 버무려 만든 샌드위치.
여러 가지 재료를 넣지 않아도 치즈와 달걀의 풍성한 맛과 향이 입맛을 돋운다. 부드러운 재료를
충분히 즐길 수 있도록 빵은 단단한 것이 어울린다.

바게트 15cm
냉동 새우 8~10마리
로메인 1~2장
올리브 오일 1작은술
청주 · 소금 · 후춧가루
약간씩

드레싱
달걀 1개
파르메산 치즈 가루 ·
올리브 오일 2큰술씩
레몬즙 2작은술
다진 마늘 · 우스터
소스 ½작은술씩
소금 · 후춧가루 약간씩

수란 만드는 과정은 p.86
'수란 바질 페스토 샌드위치'
참조.

01 냉동 새우는 소금물에 헹구고 끓는 물에 청주를 넣고 데쳐 물기를 뺀다.

02 새우에 소금과 후춧가루를 뿌리고 올리브 오일을 넣어 골고루 버무린다.

03 달걀은 수란으로 만들어 볼에 넣어 깨뜨리고 나머지 드레싱 재료를
넣고 잘 섞는다.

04 ③에 ②의 새우를 넣어 섞는다.

05 바게트는 속을 파내고 180℃ 오븐에 넣어 살짝 굽는다.

06 바게트 속에 로메인을 크기에 맞춰 1~2장 넣고 ④의 수란 새우 샐러드로
속을 채운다.

TIP

– 수란 만드는 것이 어려울 때는 달걀을 반숙으로 삶아 아주 곱게 다져서 활용한다.

– 새우에 밑간할 때 올리브 오일을 먼저 뿌리면 소금과 후춧가루가 겉돌기 때문에
먼저 간을 하는 것이 중요하다.

– 바게트는 집게로 바게트 속을 깊숙하게 집어 비틀어서 속을 파내면 쉽다.
바게트를 오래 구우면 딱딱해지므로 살짝 구워야 한다.

– 오븐이 없다면 바게트를 굽지 않고 그대로 사용해도 되지만, 바삭하고 고소한 맛은
조금 덜하다.

● 수란 새우 샌드위치 만드는 법

새우는 끓는 물에 청주를 넣어 삶는다.

삶은 새우에 소금과 후춧가루, 올리브 오일을 뿌려 버무린다.

수란을 볼에 깨뜨려 으깬다.

드레싱에 새우를 넣어 섞는다.

바게트는 속을 파내고 오븐에 살짝 굽는다.

으깬 수란에 나머지 드레싱 재료를 넣어 잘 섞는다.

바게트에 로메인을 넣고 수란 새우 샐러드로 속을 채운다.

감자 사과 샌드위치

삶아 으깬 감자에 오이와 양파, 양배추 채를 넣고 사과로 새콤달콤한 맛을 살린 샐러드 스타일 샌드위치.
냉장고에서 2~3일 정도 보관이 가능하므로 소를 넉넉히 만들어 밀폐용기에 담아 두고 먹어도 좋다.

모닝롤 2개
사과(큰 것) 1개
감자·양파 ½개씩
오이 ¼개
양배추 50g
마요네즈 3큰술
소금 1작은술

01 오이는 반 갈라 얇게 어슷 썰고, 양파는 채 썰어 함께 소금 ½작은술에 절인다.

02 감자는 껍질을 벗기고 큼직하게 6~8등분으로 잘라 냄비에 넣고 자작하게
물을 부은 뒤 소금 ½작은술을 넣어 삶는다. 감자가 익으면
물을 버리고 냄비 뚜껑을 덮은 채로 약한 불에서 분을 내며 익힌다.

03 감자는 뜨거울 때 포크로 눌러 으깬다.

04 오이와 양파가 절여지면 면포로 감싸 물기를 꼭 짠다.

05 사과는 껍질째 곱게 채 썰고 양배추도 가늘게 채 썬다.

06 볼에 ③~⑤의 재료를 한데 넣고 골고루 섞은 다음
마요네즈를 넣어 잘 버무린다.

07 모닝롤을 반 잘라 ⑥의 소를 듬뿍 올리고 모닝롤 1쪽을
뚜껑처럼 덮는다.

> TIP

– 감자를 다 삶은 뒤 물을 버리고 뚜껑을 덮어 약한 불에서 잠시 더 익히면 분이
보슬보슬 오르는데, 이렇게 감자에 분을 내면 감자의 수분이 없어지면서 구운 듯
포슬포슬해져 더 맛있다.

– 소를 섞을 때 처음에는 잘 어우러지지 않지만 양배추의 숨이 좀 죽으면 한데 뭉쳐지기
시작하니 처음부터 재료를 눌러 으깨지 않는 것이 좋다.

● 감자 사과 샌드위치 만드는 법

오이는 반 갈라 얇게 어슷 썬다.

양파는 얇게 채 썬다.

오이와 양파를 한데 담고 소금에 절인다.

오이와 양파가 절여지면 물기를 꼭 짠다.

사과는 껍질째 곱게 채 썬다.

으깬 감자와 오이, 양파, 사과, 양배추 채를 섞고 마요네즈를 넣어 버무린다.

감자는 소금을 약간 넣고 삶다가 익으면 물을 버리고 분을 낸다.

감자는 뜨거울 때 으깬다.

모닝롤을 반 잘라 소를 올리고 나머지 모닝롤을 덮는다.

BLTA 샌드위치

 editor's pick

베이컨(Bacon), 양상추(Lettuce), 토마토(Tomato)가 기본으로 들어간 영국식 샌드위치를 'BLT'라고 하는데, 여기에 아보카도(Avocado)를 더해 BLTA 샌드위치를 만들었다. 여러 가지 채소와 치즈, 베이컨까지 더해 출출한 시간 배를 채우고 영양까지 채울 수 있다.

곡물 식빵 2장
베이컨 2줄
아보카도 ½개
토마토 ⅓개(슬라이스
2쪽)
양상추 잎 2장
체다 슬라이스 치즈
1½장
마요네즈 1큰술

씨겨자 마요네즈
마요네즈·씨겨자
1큰술씩
설탕 ½작은술

01 베이컨은 반 잘라 기름 없는 팬에 바삭하게 굽는다.

02 아보카도는 씨를 빼내고 껍질째 안쪽에 칼집을 넣어 슬라이스한 뒤 숟가락으로 떠낸다.

03 토마토는 둥근 모양으로 얇게 썬다.

04 분량의 재료를 섞어 씨겨자 마요네즈를 만들어 곡물 식빵 1장에 바르고 다른 1장에는 마요네즈를 바른다.

05 씨겨자 마요네즈를 바른 식빵 위에 양상추를 깔고 슬라이스한 토마토를 올린다.

06 토마토 위에 베이컨을 올리고 그 위에 체다 슬라이스 치즈를 얹는다.

07 치즈 위에 ②의 아보카도를 가지런히 올리고 나머지 곡물 식빵을 덮고 먹기 좋게 자른다.

TIP
– 아보카도는 껍질을 벗겨 도마 위보다 껍질 안에서 칼집을 넣어가며 슬라이스하고 숟가락으로 꺼내는 게 한결 편하다.
– 치즈는 빵의 크기에 따라 1개 혹은 1개 반 정도 준비한다.

● BLTA 샌드위치 만드는 법

베이컨은 기름 없는 팬에 굽는다.

아보카도는 슬라이스한다.

슬라이스한 아보카도를 숟가락으로 꺼낸다.

양상추 위에 토마토와 베이컨, 치즈 순으로 얹는다.

곡물 식빵에 스프레드(마요네즈, 씨겨자
마요네즈)를 바른다.

식빵 위에 양상추를 올린다.

치즈 위에 아보카도를 올린다.

식빵을 덮어 반 자른다.

클럽 샌드위치

클럽 샌드위치는 18세기 뉴욕의 한 도박 클럽에서 어느 백작이 게임을 계속 하면서 배를 채우기 위해
빵 사이에 여러 음식을 끼워 먹은 데에서 유래됐다고 한다. 햄과 치즈, 달걀, 베이컨, 채소까지
한데 들어 있어 든든한 한 끼로 손색없는 메뉴다.

식빵 3장
달걀 1개
베이컨 2줄
슬라이스 햄 · 체다
슬라이스 치즈 1장씩
토마토 ⅓개(슬라이스
2쪽)
로메인 2장
피클 마요네즈 2큰술
마요네즈 1큰술
식용유 약간

피클 마요네즈는
p.20 참조.

01 달군 팬에 식용유를 두르고 달걀 프라이를 만든다. 프라이는 달걀노른자를
깨뜨려 납작하고 노릇노릇하게 굽는다.

02 기름을 두르지 않은 달군 팬에 슬라이스 햄을 노릇하게 굽고,
베이컨도 반 잘라 굽는다.

03 토마토는 둥글고 얇게 썬다.

04 식빵은 모두 노릇하게 토스트한 다음 2장에만 피클 마요네즈를 바른다.

05 ④의 식빵 1장 위에 로메인 1장을 깔고 햄, 달걀 프라이, 체다 슬라이스 치즈
순으로 올린다.

06 스프레드(피클 마요네즈)를 바르지 않은 식빵에 마요네즈를 얇게 펴 발라 치즈
위에 엎어 얹고 다른 면에도 마요네즈를 바른다.

07 ⑥의 식빵 위에 로메인을 1장 깔고 베이컨과 토마토를 얹은 뒤
피클 마요네즈를 발라둔 나머지 식빵 1장을 덮는다.

08 샌드위치를 랩으로 감싸고 먹기 좋게 자른다.

TIP

- 클럽 샌드위치는 속 재료가 많이 들어가기 때문에 빵에 힘이 없으면 속 재료가
빠지기 쉬우니 빵은 토스터로 바삭하게 굽는 것이 좋다. 하지만 부드러운 식감과
고소한 맛을 원한다면 팬에 버터를 두르고 빵을 굽는다.
- 클럽 샌드위치처럼 속 재료가 많이 들어가는 샌드위치는 랩으로 감싸 자르면 수월하다.
- 햄이나 베이컨 대신 참치나 닭고기 등을 넣어 원하는 맛을 내도 좋다.

● 클럽 샌드위치 만드는 법

달걀은 노른자를 깨뜨려 노릇노릇하게 프라이한다.

기름을 두르지 않은 팬에 슬라이스 햄을
굽는다.

피클 마요네즈를 바른 식빵에 로메인, 햄, 달걀 프라이, 치즈 순으로 올린다.

스프레드를 바르지 않은 식빵 양면에
마요네즈를 발라 얹는다.

베이컨도 기름을 두르지 않고 굽는다.

식빵은 3장 모두 토스트한다.

식빵 2장에 피클 마요네즈를 바른다.

로메인과 베이컨, 토마토를 얹는다.

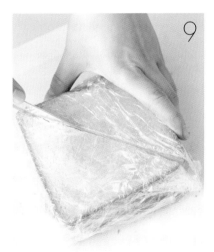

나머지 식빵을 덮고 랩으로 감싸 자른다.

와사비 크랩 샌드위치

게맛살에 다진 양파를 넣고 마요네즈와 와사비로 버무린 뒤 오이를 곁들인 샌드위치.
양파와 와사비가 게맛살의 비릿한 맛을 없애고 오이가 아삭함과 신선함을 살려준다. 햄과 치즈 대신
색다르고 가벼운 샌드위치가 먹고 싶을 때 추천한다.

곡물 빵 2장
게맛살 4줄
오이 1개
양파 ⅙개
로메인 · 치커리 2장씩
허니 머스터드 ·
마요네즈 1½큰술씩
와사비 ½작은술

01 게맛살은 2cm 길이로 잘라 결대로 곱게 찢는다.

02 오이는 길이대로 필러로 얇게 저며 4줄 준비한다.

03 양파는 채 썬 뒤 잘게 썬다.

04 게맛살과 양파를 볼에 담고 마요네즈와 와사비를 넣어 고루 섞는다.

05 곡물 빵은 2장 모두 한 면에 허니 머스터드를 바르고 1장 위에 로메인을 얹는다.

06 로메인 위에 ④를 소복하게 올리고 ②의 오이를 반 접어 올린다. 치커리를 올린
뒤 나머지 곡물 빵을 덮는다.

▶TIP
– 게맛살은 짧게 자른 다음에 결을 찢어야 더 부드러운 식감을 만들 수 있다.
  결이 곱지 않거나 길이가 너무 길면 다른 재료와 잘 섞이지 않고 겉돈다.
– 오이는 필러로 길게 저며내는 대신 얇게 어슷 썰어 올려도 된다.

● 와사비 크랩 샌드위치 만드는 법

게맛살은 작게 잘라 결을 찢는다.

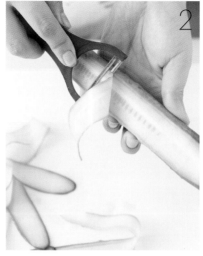

오이는 필러로 길이대로 얇게 저며낸다.

양파는 잘게 썬다.

곡물 빵에 허니 머스터드를 바른다.

빵 위에 로메인을 깐다.

로메인 위에 양념한 게맛살을 올린다.

게맛살과 양파, 마요네즈, 와사비를 섞는다.

게맛살 소 위에 오이를 올린다.

치커리를 얹고 나머지 곡물 빵을 덮는다.

크랜베리 허니 치킨 랩

토르티아에 부드러운 닭 안심과 새콤달콤한 크랜베리를 올리고 돌돌 말아 간편하게
먹을 수 있는 랩 샌드위치. 닭고기가 들어갔어도 양이 많지 않고 크랜베리의 새콤한 맛이 미각을 자극해
출출함을 달래는 간식으로 좋다.

토르티아(지름 20cm)
1장
닭 안심 2쪽
잎 채소 2장
마른 크랜베리 ·
허니 머스터드 1큰술씩
라즈베리잼 1작은술
청주 · 소금 · 후춧가루
약간씩

01 닭 안심은 가운데 힘줄을 뺀다. 가위로 힘줄을 잡고 다른 손으로 힘줄
주변의 살을 잡아 서로 살살 잡아당기면 힘줄을 쉽게 뺄 수 있다.

02 끓는 물에 청주를 약간 넣고 닭 안심을 넣어 3~4분 정도 삶는다.

03 삶은 닭 안심은 한김 식힌 뒤 먹기 좋게 자르고 소금과
후춧가루를 뿌려 밑간을 한다.

04 토르티아 가운데 라즈베리잼을 바르고 잎 채소 2장을
토르티아 끝 부분에서 조금 튀어나오게 얹는다.

05 잎 채소에 닭 안심을 올리고 크랜베리를 뿌린 다음
허니 머스터드를 뿌린다.

06 토르티아는 반 접고 양 끝을 가운데로 접어 한 손에 쥐기
편하게 만든다.

> **TIP**
> – 토르티아 대신 식빵을 사용해도 잘 어울린다.
> – 라즈베리잼 대신 새콤달콤한 크랜베리잼도 괜찮다.
> – 기호에 따라 슬라이스 아몬드를 넣으면 아삭한 식감도 살릴 수 있고 영양도 더할 수 있다.

● 크랜베리 허니 치킨 랩 만드는 법

닭 안심은 힘줄을 뺀다.

닭 안심은 끓는 물에 삶아 자른다.

토르티야 가운데에 잼을 얇게 바른다.

닭 안심과 크랜베리 위에 허니 머스터드를 뿌린다.

토르티야 밑 부분을 접어 올린다.

잼 위에 잎 채소를 올린다.

잎 채소 위에 닭 안심을 올린다.

닭 안심 위에 크랜베리를 뿌린다.

토르티야 양 옆을 접어 오므린다.

카레 치킨 샌드위치

닭 가슴살에 카레 가루를 섞어 크루아상에 채워 먹는 색다른 맛의 샌드위치. 속 재료를 푸짐하게
넣으면 한 끼 식사 대용으로도 넉넉하다. 물이 생기거나 쉽게 상하지 않아 도시락 메뉴로도 좋고, 단백질을
채울 수 있어 한창 자라는 아이들의 영양 간식으로도 좋다.

크루아상 1개
닭 가슴살 1½쪽
로메인 1장
올리고당 · 슬라이스
아몬드 1½작은술씩
카레 가루 ⅓작은술
크레송 1줌
청주 · 소금 · 후춧가루
약간씩

01 닭 가슴살은 끓는 물에 청주를 넣고 삶은 뒤 식히고 결을 따라
　　 잘게 찢는다.

02 ①에 마요네즈와 카레 가루, 올리고당, 소금, 후춧가루를 넣어
　　 골고루 섞고 슬라이스 아몬드 1작은술을 넣어 살짝 버무린다.

03 크루아상은 칼집을 깊게 넣는다.

04 크루아상 칼집을 낸 사이에 로메인을 얹고 ②의 닭 가슴살 소를
　　 소복하게 올린다.

05 ④의 소 위에 남은 슬라이스 아몬드 ½작은술 뿌리고 크레송을 얹은 뒤
　　 크루아상을 살짝 오므린다.

▶ TIP

– 닭 가슴살은 삶은 뒤 카레 가루에 살짝 볶아서 넣어도 맛있다.

– 기호에 따라 양파를 슬라이스해서 올리면 맛도 잘 어울리고 아삭함까지 더할 수 있다.

● 카레 치킨 샌드위치 만드는 법

끓는 물에 청주를 넣고 닭 가슴살을 삶아 식힌다.

식힌 닭 가슴살을 쪽쪽 찢는다.

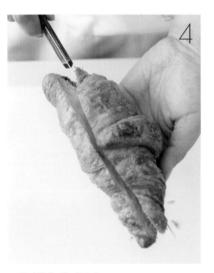

크루아상을 반 가른다.

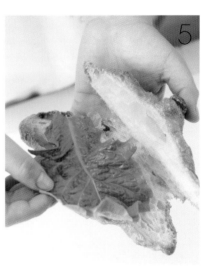

크루아상에 로메인을 깐다.

닭 가슴살에 마요네즈, 카레 가루, 올리고당, 아몬드를 넣어 섞는다.

 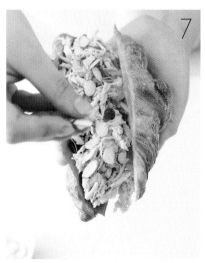

닭 가슴살 소를 채워 넣는다.

아몬드를 뿌리고 크레송을 올린다.

포 장 과
남은 빵 **활용**

샌드위치 모양을 흐트러뜨리지 않으면서
먹기 좋고, 보기 좋게 포장하는 법을 알아
두면 여러모로 쓸모 있다. 대단한 포장 재
료나 솜씨가 부족하더라도 몇 가지 아이디
어만 있으면 선물로도 손색없는 샌드위치
포장이 가능하다. 샌드위치 모양이나 용도
에 알맞게 포장하는 법과 샌드위치 만들고
남은 식빵을 활용할 수 있는 쿠킹 아이디
어도 함께 알아본다.

SANDWICH
W R A P P I N G

샌드위치 포장

도시락은 물론 때로는 음식 선물로도 인기 많은 메뉴가 샌드위치다. 정성스럽게 샌드위치를 만들었다면 빛나는 포장으로 먹기 편하고 보기 좋게 만들어보자. 예쁘게 담아 데커레이션하는 샌드위치 포장 노하우.

투명 비닐백에 리본 장식

투명 비닐백, 테이프, 컬러 리본

여러 가지 채소와 치즈, 햄 등 다양한 재료로 만든 샌드위치는 컬러만으로도 보기 좋고 먹음직스러워 보인다. 이렇게 모양이 예쁜 샌드위치는 속이 훤히 보이도록 포장하는 게 오히려 더 예쁘다.
투명 비닐백에 샌드위치를 넣고 윗부분을 돌돌 말아 테이프로 고정해 손잡이를 만든다. 밑면이 없는 비닐백인 경우 아래쪽 양옆을 밑으로 접어 밑면을 만들면 된다. 비닐백 앞에 컬러 리본을 붙여 심플하게 포인트를 준다.

냅킨으로 커틀러리 포장

종이 냅킨, 포크, 마스킹 테이프, 종이 머핀컵

아이들 도시락으로 샌드위치를 만들 때는 들고 먹기 편하게
작게 만드는 것이 좋다. 작은 사이즈로 만든 샌드위치는 종이
머핀컵에 넣거나 컬러 냅킨으로 감싸 포장한다. 모양도 흐트
러지지 않고 들고 먹기 편하며 손에 묻지 않아 좋다.
컬러가 예쁘거나 그림이 예쁜 종이 냅킨으로 포크를 감싼 뒤
마스킹 테이프로 붙인다. 그 자체로 포장이 되며 포크도 위생
적으로 가지고 갈 수 있는 아이디어다. 샌드위치는 한입 크기
로 잘라 종이 머핀컵에 넣고 통에 담는다.

테이블보가 되는 손수건

종이 샌드위치 박스, 손수건

샌드위치를 포장할 포장 용기나 박스, 리본 등 마땅한 재료가
없을 때는 손수건 하나만 있어도 충분하다. 도시락에 샌드위
치를 담은 뒤 예쁜 손수건이나 도시락보로 예쁘게 묶어 감싼
다. 도시락을 포장한 손수건은 야외에서 테이블보로 사용할
수 있을 뿐 아니라 냅킨으로 사용할 수 있어 일석이조다.
포장 손수건이나 천은 디자인이 예쁜 것을 선택해야 피크닉
분위기를 더할 수 있다. 체크나 도트 혹은 잔잔한 꽃무늬 정
도면 도시락 포장으로 그만이다.

유산지 머핀컵 활용

유산지 머핀컵

모닝롤로 만든 샌드위치를 도시락에 담을 때 그냥 담지 말고
유산지로 만든 머핀컵에 담으면 서로 달라붙지 않고 모양도
흐트러지지 않아 좋다. 샌드위치는 오래 두면 빵이 속 재료의
수분을 흡수해 촉촉해지고 작은 통에 여러 개를 함께 담을 경
우 빵끼리 붙을 수도 있다. 이럴 때 유산지로 빵과 빵 사이에
경계를 두면 빵이 서로 붙는 것을 방지할 수 있다. 한입 크기
로 만든 샌드위치의 경우 유산지로 만든 머핀컵을 활용하면
모양도 살리고 1개씩 꺼내 먹기도 편하다.

컬러 테이프로 꾸민 도시락

뚜껑 있는 종이 박스, 컬러 마스킹 테이프

뚜껑 있는 종이 박스에 샌드위치를 넣어 포장하면 샌드위치
의 모양을 보존할 수 있다. 흰색보다 컬러나 그림이 있는 종
이 박스를 사용하면 더 예쁘다. 종이 박스에 유산지를 깔고
그 위에 샌드위치를 올린 다음 뚜껑을 덮는다. 박스 위에 포
크를 올리고 마스킹 테이프로 고정하면 뚜껑도 열리지 않고
포크도 단단히 고정할 수 있다. 이때 마스킹 테이프를 컬러풀
한 것으로 준비하면 평범한 포장도 특별해 보인다. 리본으로
박스를 묶는 방법도 좋지만 테이프를 붙이면 좀 더 간단하다.

종이 도일리로 감싸기
도일리, 리본

유산지로 편리하게!
컬러 유산지, 스티커

포장 재료로 많이 쓰이는 다양한 디자인의 종이 도일리를 샌드위치 포장에도 활용해보자. 종이 도일리는 샌드위치 포장과 함께 냅킨의 역할까지 할 수 있다. 한 손에 쥐고 먹기 불편한 큼직한 샌드위치에 종이 도일리를 마치 냅킨처럼 감싸고 리본을 묶으면 큼직한 샌드위치도 한결 먹기 편하다.

길어서 먹기 불편하거나 둥근 모양의 샌드위치를 포장할 때 종이 도일리를 활용한다. 리본은 샌드위치가 흐트러지지 않게 단단하게 묶는다.

흰색이나 브라운 컬러의 유산지와 그 외 컬러나 디자인이 예쁜 유산지는 최고의 샌드위치 포장 재료다. 컬러 유산지를 사각으로 큼직하게 잘라 마름모 모양으로 둔 다음 가운데 샌드위치를 올린다. 아래쪽 유산지를 먼저 접고 양옆을 접은 다음 위쪽을 접는다. 그리고 유산지와 어울리는 컬러의 스티커를 붙여 마무리한다. 샌드위치 여러 개를 하나의 종이에 포장하는 것보다 하나씩 포장하는 게 예쁘다.

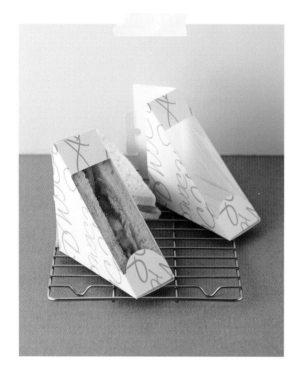

샌드위치 전용 패키지 활용

삼각형 샌드위치 케이스

식빵 반 개 정도 적은 양의 샌드위치를 포장할 경우에는 샌드
위치 전용 패키지를 이용하는 게 편리하다. 삼각형 모양의 샌
드위치는 쿠킹 포일이나 지퍼백에 담지 말고 두꺼운 종이로
만든 전용 패키지에 담으면 가방에 넣어도 눌리거나 찌그러
지지 않는다. 도시락통에 담는 것보다 이 같은 샌드위치 전용
패키지에 담고 종이봉투에 담으면 가방도 한결 가볍게 하고
샌드위치의 모양도 살리는 방법이다.

지퍼백에 그림 그리기

지퍼백, 유성 펜

식빵으로 만든 샌드위치의 포장 재료가 마땅치 않을 때는 지
퍼백과 유성 펜 하나를 준비한다. 유성 펜으로 지퍼백에 그림
을 그리거나 메시지를 적은 뒤 샌드위치를 넣으면 샌드위치
가 흰색 도화지 역할을 해 그림이나 글씨가 도드라진다. 특별
한 포장 재료가 없어도 지퍼백에 그린 그림은 흥미와 재미를
주는 이색 포장 재료가 된다. 사람 표정을 재미있게 그려 감
정을 전달하는 수단으로 이용해도 좋고, 예쁜 글씨로 마음을
표현하는 말 한마디 적는 것도 좋은 아이디어다.

긴 샌드위치는 종이컵에 담기
종이컵(머핀컵), 비닐백, 리본

바게트를 이용한 긴 샌드위치는 튼튼한 종이컵이나 머핀컵을
이용하면 포장하기 쉽다. 큼직하고 단단한 종이 머핀컵을 준
비한 뒤 바게트 샌드위치를 세워서 고정한다. 그리고 종이 봉
투에 세워 담으면 간단하고 쉬운 바게트 샌드위치 포장 끝.
샌드위치가 종이컵보다 작을 때는 속 재료가 빠질 수 있으니
바게트에 리본을 살짝 묶는 게 좋다. 토르티야 랩 샌드위치나
식빵을 둥근 모양으로 돌돌 만 샌드위치도 같은 방법으로 포
장하면 편리함과 재미를 동시에 살릴 수 있다.

캔디 모양 샌드위치 포장
유산지, 리본

아이들 간식으로 샌드위치를 만들 때는 아이들이 좋아할 만
한 재미있는 모양으로 만들어보는 것도 좋다. 식빵을 밀대로
납작하게 밀고 그 위에 잼이나 스프레드를 바른 뒤 돌돌 말아
둥근 스틱 모양으로 만든다. 이렇게 만든 샌드위치는 캔디 모
양으로 포장하면 한결 재미를 더할 수 있다. 컬러나 디자인이
예쁜 유산지를 샌드위치 길이보다 길게 잘라서 샌드위치를
감싸고 양 끝을 리본으로 묶으면 캔디 모양의 포장이 된다.
하나하나 풀어서 먹는 재미있는 샌드위치 포장 방법.

COOKING
I D E A

남은 빵
활용 아이디어

샌드위치를 만들 때 남은 자투리 빵을 잘
활용하면 색다르고 맛난 간식이 된다. 딱
딱하게 굳어 그대로 먹을 수 없는 식빵과
거친 빵의 가장자리를 버리지 말고 입이
심심할 때 간단히 먹을 수 있는 간식으로
활용해보자.

빵푸딩

출출한 시간 샌드위치를 만들 재료는 부족하고 과자로는 속
이 달래지지 않을 때 간단히 만들어 속을 든든하게 채울 수
있는 빵푸딩을 소개한다.

🍚 식빵 2장, 우유 1컵, 달걀 1개, 달걀노른자 1개 분량, 설탕 2큰술, 바닐라 에센
스 · 소금 약간씩, 마른 크랜베리 적당량

01 일반 식빵이나 곡물 식빵을 살짝 토스트한 뒤 한입 크기로 큼직하
게 잘라 오븐 용기에 담는다.
02 우유에 달걀, 달걀노른자, 설탕, 바닐라 에센스, 소금을 넣어 섞은
뒤 빵 위에 붓는다.
03 180℃ 오븐에서 20분 정도 굽고 그 위에 마른 크랜베리를 올린다.

식빵 빼빼로

식빵 빼빼로는 기존 과자보다 맛도 모양도 뛰어난 간식이다.
알록달록 레인보 컬러의 식빵 빼빼로를 온 가족이 함께 만들
어 재미있는 시간을 가져보자.

🍞 식빵 적당량, 다크초코 커버처 40g, 우유 30g, 스프링클 적당량

01 식빵을 스틱 모양으로 잘라서 노릇노릇하고 바삭하게 토스트한다.
02 다크초코 커버처에 우유를 섞어서 중탕으로 녹인다.
03 토스트한 식빵에 중탕으로 녹인 초콜릿을 빼빼로처럼 묻힌다.
04 초콜릿이 굳기 전에 스프링클을 뿌려 냉장고에서 굳힌다.

러스크

식빵으로 흔히 쉽고 맛있게 만들 수 있는 간식이 바로 러스크
다. 버터의 고소함이 입안 가득 전해지는 달달하고 바삭한 러
스크는 아이부터 어른까지 누구나 좋아하는 맛이다.

🍞 식빵 2~3장, 버터 15g, 설탕 1큰술

01 버터를 부드럽게 녹인 뒤 설탕을 섞는다.
02 식빵 위에 녹인 버터를 고루 바른다.
03 200℃로 예열한 오븐에서 바삭하게 굽는다. 식빵은 반 잘라 구워
도 되고 스틱처럼 혹은 삼각형 또는 한입 크기로 잘라 구워도 된다.

치즈 스틱

샌드위치를 만들고 1~2장 남은 식빵으로 고소한 치즈 스틱을 만들 수 있다. 오븐이 없을 경우 미니 오븐이나 팬에 올려 구워도 된다. 치즈의 고소한 맛이 바삭한 식빵에 가득 배어 씹을수록 고소하다.

🍞 식빵 2장, 파르메산 치즈 가루 5큰술, 올리브 오일 2큰술

01 식빵은 세모 모양으로 길쭉길쭉하게 자른다.
02 붓을 이용해 식빵에 올리브 오일을 고루 바른다.
03 파르메산 치즈 가루를 뿌린 뒤 200℃의 오븐에 10분 정도 굽는다.

허니 땅콩 스틱

튀긴 식빵에 꿀과 땅콩을 입힌 고소한 맛의 허니 땅콩 스틱은 영양 간식으로도 그만이다. 땅콩 대신 슬라이스 아몬드나 여러 견과를 다져 꿀 위에 뿌려도 좋다. 일회용 플라스틱 컵에 담으면 하나씩 꺼내 먹기 좋고 이동도 편리하다.

🍞 식빵 2~3장, 꿀 3큰술, 다진 땅콩 2큰술, 튀김 기름 적당량

01 식빵을 막대 모양으로 길게 자른다.
02 뜨거운 튀김 기름에 식빵을 살짝 튀긴 뒤 기름기를 뺀다.
03 튀긴 식빵에 꿀을 바르고 바로 다진 땅콩을 뿌린다.

빵가루

튀김 요리를 할 때 요긴하게 두루 쓰는 빵가루는 시중에서 판매되는 것을 구입하는 것보다 직접 만들어 사용하는 게 한결 맛있다. 빵가루를 만들 때 너무 곱게 가는 것보다 입자를 굵직하게 갈아야 보기 좋고 맛도 좋다.

🥯 남은 식빵 적당량

01 식빵이 축축한 상태라면 채반에 올려 하루 정도 말리고 딱딱하게 마른 상태라면 그대로 빵가루를 만든다.
02 마른 빵을 적당한 크기로 잘라 믹서에 넣고 간다.
03 빵가루는 뭉친 것을 푼 뒤 지퍼백에 담아 냉동실에 보관한다.

식빵 베이컨 말이

식빵에 베이컨을 돌돌 말아 오븐에 구우면 고소하면서도 짭조름한 맛이 나 간식은 물론 간단한 맥주 안주로도 좋다. 오븐이 없을 때는 달군 팬에 올려 굴려가며 굽는다. 하지만 팬에 굽는 것보다 오븐에 굽는 게 한결 맛 좋다.

🥯 식빵 2장, 베이컨 6줄

01 식빵을 1.5cm 폭으로 길게 자르고 베이컨을 반 잘라 식빵 가운데에 돌돌 만다.
02 돌돌 만 식빵을 오븐 팬에 올려 200℃로 예열한 오븐에서 10분 정도 굽는다.

INDEX

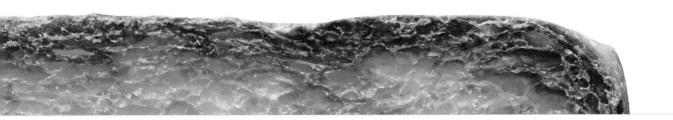

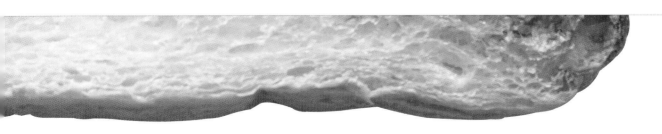

INDEX

GLOBAL ESSENTIAL FOOD·SANDWICH

SANDWICH 샌드위치

초판 1쇄 발행 2014년 5월 22일
초판 2쇄 발행 2014년 8월 28일

발행인 이웅현
발행처 (주)도서출판도도

편집국장 김민경
재무이사 최명희
디자인 이지은
홍보·마케팅 이인택, 차은영

요리·스타일링 박선희
사진 김래영(청년사진관)
진행 이채현
교정·교열 김지희
요리 어시스턴트 오지영
사진 어시스턴트 홍지은, 이건호

출판등록 제300-2012-212호
주소 서울시 중구 충무로 29 아시아미디어타워 503호
전자우편 dodo7788@hanmail.net
내용 및 판매문의 02)739-7656

Copyright © (주)도서출판도도

ISBN 979-11-85330-08-2